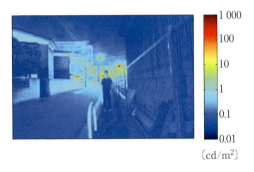

口絵 1　画像測光による輝度分布の測定例

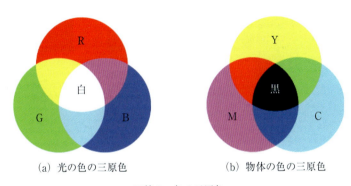

(a) 光の色の三原色　　(b) 物体の色の三原色

口絵 2　色の三原色

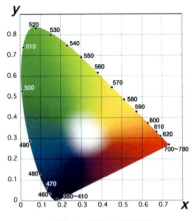

口絵 3　CIExy 色度図

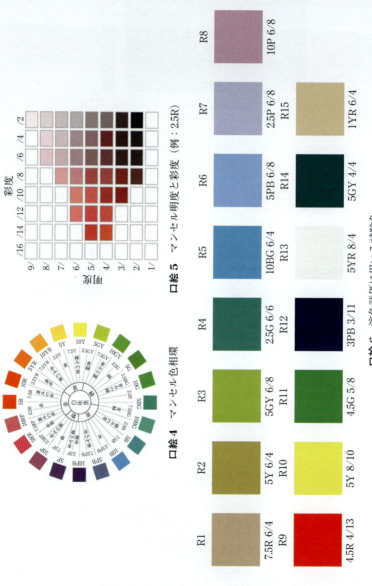

口絵 4 マンセル色相環

口絵 5 マンセル明度と彩度（例：2.5R）

口絵 6 演色評価に用いる試験色

電気応用とエネルギー環境

植月　唯夫　編著
望月　悦子
木村　嘉孝　共著
廣木　一亮
村岡　克紀

コロナ社

はじめに

　エジソンが電球を発明して以来，電気は人間生活の中に浸透し続けてきている。そして日本では電力会社が電気（電力）を安定に供給するシステムを構築し，われわれにとって電気は「当たり前のように存在するもの」であり「安定に入手できるもの」となった。そしてその便利さから使用量がどんどん増加した。つまり電気をエネルギーとして使用する分野（電気応用分野）がどんどん増加してきた。そのエネルギー使用量が増加するにつれ地球温暖化を懸念する声が大きくなり，1990年代後半には京都議定書が締結され，それ以降，エネルギー使用量を少なくすることで地球温暖化を防ぐための努力を継続している。そして各社は多くの製品の高効率化（省エネルギー化）を推し進めてきている。

　電気応用という学問は時代をさかのぼると（例えば戦前などでは）非常に最先端な学問であったと考えられるが，非常に科学技術が発展した現在では，学校（電気工学分野）で教えているのはほとんどが「照明」・「電熱」の2分野だけになってきている。それどころか，電気応用という科目がカリキュラムから省かれている学校も存在するようになっている。

　しかし，2011年3月11日に発生した東日本大震災以降，電気に関する考え方が大きく変化してきたと感じるし，変化すべきであろう。つまり電気は「当たり前のように存在するもの・安定に入手できるもの」から「なくてはならないもの・簡単には入手できないもの」であることをわれわれが肌で感じるようになった。

　このような環境の中で，われわれは電気応用という分野を単に消費する側から学ぶのではなく，エネルギー全体として学ぶ必要があると感じた。そこで，電気応用としての照明・電熱を現時点の技術レベルで再整理するとともに，エ

ネルギー貯蔵に必要不可欠な電気化学，および（エネルギーを発生させる）エネルギー環境を整理することにした。第1編で照明への応用を整理した。ここでは基礎から応用まで，特に現在主流になってきているLEDなどの固体光源なども例を取り上げて整理した。つぎに第2編で電熱への応用について整理した。第3編では電気応用の重要な部分である電気化学について，高度な内容を平易にまとめるよう心がけた。最後に，第4編でエネルギー環境に関して整理した。ここでは，電気を生成する手段として現在の主たる発電方式（水力・火力・原子力）と再生可能エネルギーとして最近急成長している太陽光発電・風力発電・地熱発電などを「エネルギー（熱量）」という観点で整理・比較することで，将来的な電気供給方法を**定量的**に考えることのできる技術者の養成に役立てたい，との想いにそって整理した。

2016年8月

著者を代表して　植月　唯夫

目　　　　次

第 1 編　電気の照明への応用

1 章　物理量（エネルギー）としての光
1.1　温　度　放　射 ··· 002
　1.1.1　シュテファン・ボルツマンの法則 ······· 002
　1.1.2　プランクの放射則 ············· 003
　1.1.3　ウィーンの変位則 ················· 003
　1.1.4　黒体と選択放射体 ················· 004
1.2　ル ミ ネ セ ン ス ·· 005
　1.2.1　ストークスの法則 ············· 005
　1.2.2　ルミネセンスの応用例 ············· 006
演　習　問　題 ·· 007
引用・参考文献 ·· 007

2 章　照明としての光
2.1　光を知覚するしくみ ··· 009
　2.1.1　目への入射から脳への情報伝達まで ········· 009
　2.1.2　目の構造と機能 ············· 010
　2.1.3　視　感　度 ············· 012
2.2　測　光　量 ··· 013
　2.2.1　光　　　束 ············· 014
　2.2.2　光　　　度 ············· 015
　2.2.3　照　　　度 ············· 015
　2.2.4　光束発散度 ············· 016
　2.2.5　輝　　　度 ············· 016
2.3　測　色　量 ··· 018
　2.3.1　光の色と物体の色 ············· 018
　2.3.2　等色関数 ············· 019
　2.3.3　色の心理物理的表示 ············· 020
　2.3.4　色の心理的表示（マンセル表色系） ············· 021
　2.3.5　演色性と演色評価数 ············· 021
演　習　問　題 ·· 022
引用・参考文献 ·· 023

3章 照明用光源の種類と特徴

3.1 白熱電球 025
   3.1.1 一般白熱電球の構造と特徴 026
   3.1.2 ハロゲン電球の構造と特徴 027

3.2 蛍光灯（蛍光ランプ点灯システム）............ 028
   3.2.1 蛍光ランプの構造と発光メカニズム 029
   3.2.2 蛍光ランプ点灯方式 030

3.3 HIDランプ 032
   3.3.1 高圧水銀ランプ 033
   3.3.2 高圧ナトリウムランプ 034
   3.3.3 メタルハライドランプ 035

3.4 固体発光光源 037
   3.4.1 LED 037
   3.4.2 有機EL 039
   3.4.3 無機EL 041

演習問題 041

4章 照明設計の基礎

4.1 照明要件 042
   4.1.1 照明空間を構成する光 042
   4.1.2 照明環境の質 042

4.2 照明方式 045
   4.2.1 配光と全光束 045
   4.2.2 照明方式と照明器具 048

4.3 照明計算 051
   4.3.1 立体角投射率 051
   4.3.2 逐点法による照度計算 054
   4.3.3 光束法による照度計算 055
   4.3.4 照度基準と保守計画 057

演習問題 060

引用・参考文献 063

第2編 電熱への応用

5章 熱工学の基礎

5.1 熱工学に関する特性とその単位 064
   5.1.1 物体の熱的な基本特性 064
   5.1.2 電気エネルギーと熱エネルギー，ならびにその単位 065

5.2　さまざまな熱伝達方式 ………………………………………………………………… 066
　　5.2.1　熱伝導とその方程式 ……… 067 ｜ 5.2.3　放　　　射 ……………… 071
　　5.2.2　対　　　流 ………………… 070 ｜
5.3　熱伝導の式の電気回路との等価性 …………………………………………………… 073
　　5.3.1　定常状態の場合 …………… 073 ｜ 5.3.2　非定常状態の場合：CR並列回路
　　　　　　　　　　　　　　　　　　　　 ｜ …………………………………… 075
演　習　問　題 ……………………………………………………………………………… 076

6章　電熱工学の基礎（電熱の発生）

6.1　抵　抗　加　熱 ………………………………………………………………………… 078
　　6.1.1　電気抵抗，ジュール熱 …… 078 ｜ 6.1.2　抵抗加熱用の発熱体・電熱ヒー
　　　　　　　　　　　　　　　　　　　　 ｜ 　　　　タの種類 ………………… 078
6.2　赤外放射加熱 …………………………………………………………………………… 079
　　6.2.1　近赤外放射加熱 …………… 080 ｜ 6.2.3　赤外放射加熱用のヒータ …… 081
　　6.2.2　遠赤外放射加熱 …………… 080 ｜
6.3　電　磁　波　加　熱 …………………………………………………………………… 083
　　6.3.1　誘電加熱・マイクロ波加熱　　　 ｜ 6.3.2　誘　導　加　熱 …………… 086
　　　　　………………………………… 084 ｜
6.4　アーク加熱・プラズマ加熱 …………………………………………………………… 086
演　習　問　題 ……………………………………………………………………………… 087
引用・参考文献 ……………………………………………………………………………… 088

7章　電熱工学の基礎と応用（加熱により生じる物質変化）

7.1　物体温度の上昇・保持 ………………………………………………………………… 089
7.2　乾　　　　　燥 ………………………………………………………………………… 090
7.3　相　　　変　　　化 …………………………………………………………………… 090
7.4　熱変性，化学的変化 …………………………………………………………………… 090
7.5　表面の熱処理 …………………………………………………………………………… 091
7.6　電気炉の種類とその特徴 ……………………………………………………………… 091
　　7.6.1　抵抗加熱炉 ………………… 091 ｜ 7.6.3　高周波誘電加熱炉とマイクロ波
　　7.6.2　放射加熱炉 ………………… 093 ｜ 　　　　加熱装置 ………………… 094
　　　　　　　　　　　　　　　　　　　　 ｜ 7.6.4　誘導加熱炉・IH加熱 ……… 095

目次

7.6.5 アーク炉 ………………………… 097
7.6.6 アルミニウム電解槽 ………… 098
7.6.7 アチソン炉（炭化ケイ素炉） ………………………………… 099
7.6.8 黒鉛化炉 ……………………… 100

7.7 炉内雰囲気 ………………………………………………………… 101
7.7.1 真　　空 ……………………… 101
7.7.2 窒素置換など，雰囲気炉 …… 101

7.8 電気炉の構成要素 ………………………………………………… 102
7.8.1 炉　形　式 …………………… 102
7.8.2 電極および通電材料 ………… 107
7.8.3 炉材：耐火材（れんが），断熱材（れんが，ウール材） ……… 108
7.8.4 電源設備 ……………………… 110

7.9 設備の成績評価 …………………………………………………… 110
7.9.1 炉の処理能力 ………………… 110
7.9.2 電力原単位・原料(材料)原単位 …………………………………… 111
7.9.3 エネルギー利用効率・熱効率 …………………………………… 111
7.9.4 労務工数・省力化達成率 …………………………………… 111

演習問題 …………………………………………………………………… 112
引用・参考文献 …………………………………………………………… 112

第3編　電気化学

8章　電気と化学

8.1 電気の発見 ……………………………………………………………… 114
8.2 静　電　気 ……………………………………………………………… 115
8.3 電池の発明 ……………………………………………………………… 116
8.4 電池の初利用 …………………………………………………………… 116
8.5 電磁気学の時代へ ……………………………………………………… 117

9章　電池の化学

9.1 電池とは何か …………………………………………………………… 119
9.2 一　次　電　池 ………………………………………………………… 120
9.3 二　次　電　池 ………………………………………………………… 122
9.4 燃　料　電　池 ………………………………………………………… 125
9.5 太　陽　電　池 ………………………………………………………… 126

演習問題 ………………………………………………………………… 130

10章　電気化学のさまざまな応用
10.1　電解めっき ………………………………………………………… 133
10.2　電解精錬 …………………………………………………………… 137
10.3　ファラデーの電気分解の法則 …………………………………… 138
10.4　電気化学合成 ……………………………………………………… 139
10.5　電気化学重合 ……………………………………………………… 140
10.6　電気化学を学ぶために …………………………………………… 140
演習問題 ………………………………………………………………… 142
参考文献：より深く学びたい人のために …………………………… 143

第4編　エネルギー環境

11章　環境とエネルギーのつながり
11.1　公害から環境問題へ ……………………………………………… 145
11.2　エネルギーとは，それを測る単位 ……………………………… 146
11.3　人類のエネルギー使用の歴史とインパクト …………………… 148
11.4　現状に至るエネルギー消費の経過 ……………………………… 152
　　　11.4.1　日本のエネルギー消費量の推移　│　11.4.2　世界のエネルギー消費量の推移
　　　　　　　152　│　　　　　　　156
11.5　グローバルな環境問題の顕在化 ………………………………… 158
　　　11.5.1　酸性雨 …………………… 159　│　11.5.2　温室効果 ………………… 161
　　　11.5.2　大気汚染 ………………… 160　│
演習問題 ………………………………………………………………… 163
引用・参考文献 ………………………………………………………… 163

12章　一次エネルギーの発生原理と問題点
12.1　化石燃料 …………………………………………………………… 164
　　　12.1.1　化石燃料からの一次エネルギー　│　12.1.2　化石燃料の最近の動きと
　　　　　　　の獲得法と特徴 …………… 165　│　　　　　　　今後の展望 ………………… 166
12.2　再生可能エネルギー ……………………………………………… 168

12.2.1 太陽光と熱，および風力エネルギーの獲得法と特徴，および問題点 ………………… 169
12.2.2 太陽光利用と風力以外の再生可能エネルギー ……………………… 178
12.2.3 再生可能エネルギーの最近の動きと今後の展望 ……………… 181

12.3 原子力 …………………………………………………… 182
12.3.1 原子核からの一次エネルギーの獲得法と特徴 …………… 182
12.3.2 原子力の問題点 …………… 190
12.3.3 原子力の最近の動きと今後の展望 ………………………… 192

演習問題 …………………………………………………… 192
引用・参考文献 …………………………………………… 193

13章 2050年に向けてのエネルギー消費と供給見通し

13.1 省エネと脱化石燃料 …………………………………… 195
13.1.1 省エネ ……………………… 195
13.1.2 化石燃料削減 ……………… 199
13.1.3 省エネと化石燃料削減のまとめ ……………………… 199

13.2 再生可能エネルギーと原子力の可能性 ……………… 200
13.2.1 再生可能エネルギー …… 200
13.2.2 原子力 ……………………… 201
13.2.3 再生可能エネルギーと原子力だけでダメなら …………… 202

13.3 エネルギーのこれから ………………………………… 202
演習問題 …………………………………………………… 204

演習問題解答

索引

執筆分担

第1編（1章・3章）　植月　唯夫
第1編（2章・4章）　望月　悦子
第2編　木村　嘉孝
第3編　廣木　一亮
第4編　村岡　克紀

第1編　電気の照明への応用

1章　物理量(エネルギー)としての光

　光は電磁波(電波)の一種であり振幅と波長を有する(図1.1)。振幅がその光(電波)の強さに関係し，波長が性質に関係する。その波長の長さにより，電波は利用のされ方が異なっている。その中で波長が $1 \sim 10^5$ nm のものを光ということが多い(図1.2)。ここで 1 nm は 1 ナノメートルと読み，10^{-9} m である。

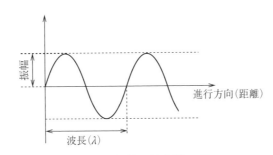

図1.1　波(光・電磁波)の形

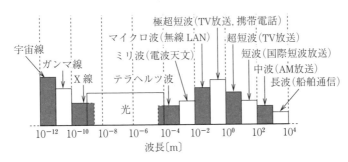

図1.2　電(磁)波と光の関係と視感度

1. 物理量（エネルギー）としての光

電波の速度は 3×10^8 m/s であり，これは波の性質（波長）が違っても同じである。したがって波長が異なると，1秒間の波の数（周波数）が異なる。波長を λ 〔m〕，周波数を ν 〔1/s〕で示すと，この二つの間には以下の関係がある。

$$\lambda \times \nu = 3\times10^8 \quad \text{[m/s]}$$

光は電磁波の一部であり，当然，光はエネルギーを持つ。**光のエネルギー**を考えるとき，少々理解しにくいことがある。それは「光の強さ」と「光のエネルギー」が異なる概念だからである。つまり，強い光でもエネルギーが弱く，弱い光でもエネルギーが強い場合がある。この理由は，光のエネルギー W 〔J〕は，次式で示されるように，光の振幅には依存せず「周波数に比例する」と定義されているからである。

$$W = h\nu \quad \text{〔J〕}$$

ここで，比例定数 h は**プランク定数**と呼ばれ，$h = 6.626\times10^{-34}$ J·s である。

つぎに，光の発生について考える。光の発生は大きく二つに分けられて考えられている。それは「温度放射」と「ルミネセンス」である。これらについて説明する。

1.1 温度放射

温度放射とは物体が熱せられて高温になると光を発する現象である。温度放射を考える場合，すべての波長の光を反射も透過もしない物質が望ましい。その物体を「完全放射体」もしくは「黒体」という。光の反射や透過などが波長に依存する物体は「選択放射体」と呼ばれる。黒体は以下の三つの重要な法則の性質を持つ。これらについて説明する。

1.1.1 シュテファン・ボルツマンの法則

シュテファン・ボルツマンの法則とは，温度 T 〔K〕の黒体表面の単位面積当りから単位時間に放射される全エネルギー $M(T)$ が絶対温度の4乗に比例す

るというものである。これは次式で示される。

$$M(T) = \sigma T^4 \quad [\mathrm{W/m^2}] \tag{1.1}$$

この $M(T)$ は放射発散度と呼ばれ,「放射の発散面の単位面積当りに発散する放射束,物体の単位面積から出る放射束」で定義されている。比例定数はシュテファン・ボルツマン定数と呼ばれ, $\sigma = 5.67 \times 10^{-8} \mathrm{W \cdot m^{-2} \cdot K^{-4}}$ である。

1.1.2 プランクの放射則

プランクの放射則とは, T〔K〕の黒体表面の単位面積当りから単位時間に $\lambda \sim \lambda + d\lambda$ の波長帯内で放射されるエネルギー $M(\lambda, T)d\lambda$ が次式で示されるというものである。

$$M(\lambda, T) = \frac{C_1}{\lambda^5 \{\exp(C_2/\lambda T) - 1\}} \quad [\mathrm{W \cdot m^{-2} \cdot nm^{-1}}] \tag{1.2}$$

$M(\lambda, T)$ は分光放射発散度と呼ばれ,定数 $C_1 = 3.7415 \times 10^{20} \mathrm{W \cdot m^{-2} \cdot nm^{-4}}$, $C_2 = 1.4388 \times 10^7 \mathrm{nm \cdot K}$ である。**放射発散度** $M(T)$ と**分光放射発散度** $M(\lambda, T)$ の関係は次式で示される。

$$M(T) = \int_0^\infty M(\lambda, T) d\lambda = \sigma T^4 \quad [\mathrm{W/m^2}] \tag{1.3}$$

この式で温度が 3 000 K 以下,波長が 800 nm 以下の場合,分光放射発散度は次式で近似でき,スペクトル観察による物体の温度計測に利用される。

$$M(\lambda, T) = \frac{C_1}{\lambda^5 \exp(C_2/\lambda T)} \quad [\mathrm{W \cdot m^{-2} \cdot nm^{-1}}] \tag{1.4}$$

1.1.3 ウィーンの変位則

ウィーンの変位則とは,最大の分光放射をする波長 λ_M〔m〕は絶対温度 T〔K〕に反比例し,次式で示されるというものである

$$\lambda_M = \frac{2.899 \times 10^6}{T} \quad [\mathrm{nm}] \tag{1.5}$$

黒体放射におけるプランクの放射則とウィーンの変位則を**図 1.3** に示す。

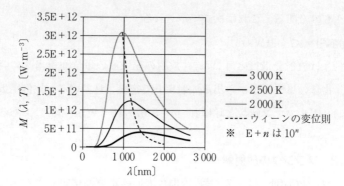

図1.3 プランクの放射則とウィーンの変位則

1.1.4 黒体と選択放射体

黒体は炭をイメージすればわかりやすい。黒体はどのような波長の光も吸収する。このようにすべての波長の光に対し吸収率（放射率に等しい）が1である物体を**黒体**もしくは**完全放射体**という。

この放射率（吸収率）とは，ある温度 T〔K〕の物体の分光放射発散度 $M^*(\lambda, T)$ と黒体の分光放射発散度 $M(\lambda, T)$ との比であり，次式の $\varepsilon(\lambda, T)$ で示される。

$$\varepsilon(\lambda, T) = \frac{M^*(\lambda, T)}{M(\lambda, T)} \tag{1.6}$$

$\varepsilon(\lambda, T) \equiv 1$ のときが黒体であり，波長 λ に依存せず1より小さい一定値を有する場合を灰色体という。そして $\varepsilon(\lambda, T)$ が波長 λ によって変化するものを**選択放射体**という。このように，一般物質の $\varepsilon(\lambda, T)$ は物体の波長 λ と温度 T に依存する。参考までにタングステンの放射率の波長 λ と温度 T との関係を**表1.1**に示す。また，ある物体の放射発散度 $M^*(T)$ と黒体の放射発散度 $M(T)$ との比を**全放射率**と呼び，$\varepsilon(T)$ で定義する。

$$\varepsilon(T) = \int_0^\infty \varepsilon(\lambda, T) d\lambda = \int_0^\infty \frac{M^*(\lambda, T)}{M(\lambda, T)} d\lambda = \frac{\int_0^\infty M^*(\lambda, T) d\lambda}{\sigma T^4} \tag{1.7}$$

表 1.1　タングステンリボンの放射率 [1]†

λ＼T	1 800 K	2 000 K	2 200 K	2 400 K	2 600 K	2 800 K
400 nm	0.48	0.48	0.47	0.47	0.46	0.46
500 nm	0.47	0.46	0.46	0.46	0.45	0.45
600 nm	0.45	0.45	0.45	0.44	0.44	0.44
700 nm	0.44	0.44	0.43	0.43	0.43	0.42
800 nm	0.43	0.43	0.42	0.42	0.41	0.41

1.2　ルミネセンス

ルミネセンスとは，物質が外部から刺激を受けたとき（つまりエネルギーを与えられたとき），物質内部の電子が励起されて発光する現象である。発光という表現を用いたが，その光は「紫外域〜可視光〜赤外域」を意味する。換言すると，温度放射以外の発光のことを示す。

　一般に，外部からの刺激がある間だけ発光するものを「蛍光」，外部からの刺激がなくなった後も発光し続けるものを「燐光(りん)」という。しかし，これらの言葉は古くに定義されたもので，無機物に対しては明確な区別がつけにくい。現在，有機物分子に対しては，発光の開始前（励起状態）と終了時（基底状態）の電子の状態（スピン多重度と呼ばれる）が同じものは「蛍光」，そうでないものは「燐光」といわれている。

1.2.1　ストークスの法則

　ルミネセンスは外部からのエネルギーをいったん吸収し，それを発光エネルギーで放出する現象，とみなすことができる。この現象においては，つねに吸収するエネルギーが放出するエネルギーよりも大きい（つまり放出光の波長は入射光の波長より長い）という関係が成り立つ。これを**ストークスの法則**という。この出力される光をストークス光（線スペクトルの場合はストークス線）と呼ぶことがある。

---

　†　肩付き数字は，章末の引用・参考文献番号を表す。

自然現象はつねにストークスの法則に従うかというと例外がある。例えばラマン散乱では入射光の波長より放射光の波長が短い場合がある。このような光を**アンチストークス光**と呼ぶ。この現象を高分子化学分野で応用し、長波長から短波長を得る研究が多くなされている。この分野でのこの現象は「アップコンバージョン」と呼ばれることが多い。

1.2.2 ルミネセンスの応用例

ルミネセンスは外部からの刺激エネルギーにより区別されることが多い。その代表的なものを以下に述べる。

励起（刺激）エネルギーが光である場合をフォトルミネセンスといい、PL（photoluminescence）と記すことが多い。これが利用されている例は、蛍光ランプ表面に塗布されている蛍光体である。放電ランプ内部で発生した紫外線（約254 nm）を吸収し可視光に変換している。代表的な蛍光体としてハロリン酸カルシウム（$Ca_5(PO_4)_3(F, Cl):Sb^{3+}, Mn^{2+}$）がある。これは紫外線を吸収し、青色（$Sb^{3+}$）発光とオレンジ色発光（$Mn^{2+}$）を出すことで白色光を放出している。

励起（刺激）エネルギーが電界である場合をエレクトロルミネセンスといい、EL（electro luminescence）と記すことが多い。これが利用されているものの代表が発光ダイオード（light emitting diode, LED）やEL素子である。これらについては3章の光源のところで説明する。

励起（刺激）エネルギーが電子線である場合をカソードルミネセンスといい、CL（cathode luminescence）と記す。これはブラウン管に使われてきた。20〜30 kVで加速された高速の電子が固体に入射すると価電子帯やアクセプター準位の電子をドナー準位や伝導帯に励起させ電子正孔対を生成する。この電子や正孔が再結合するときに発光する。この発光は物質のバンドギャップと関係があり、その構造を調べるために使われることもある。

励起（刺激）エネルギーが化学反応である場合を化学発光もしくはケミルミネセンス（chemiluminescence）という。これは、化学反応によって励起され

た分子が基底状態に戻る際にエネルギーを光として放出する現象である。科学捜査で血液の存在を調べるために使用されるルミノールはこれの一例である。

励起（刺激）エネルギーが生体エネルギーの場合，つまり生物が発光する場合を生体発光もしくはバイオルミネセンス（bioluminescence）という。ホタルの発光などがそれに相当する。

演習問題

(1.1) 直径 0.5 mm，長さ 10 cm の黒体が 2 500 ℃ に加熱されている。これが放射するエネルギーを求めよ。

(1.2) 2 200 K の黒体がある。この温度で最大放射する波長が 1.316 μm であった。この黒体が 3 300 K になったときに最大放射する波長を求めよ。

(1.3) ある温度 T の黒体がある。$\lambda = 0.8$ μm のときのスペクトル強度を分光器で測定すると出力が 1.00 V であり，0.6 μm では 0.572 V であった。この分光器の感度（性能）に波長依存性がないとして，この黒体の温度 T を求めよ。

引用・参考文献

1) J.C.DE VOS：A New Determination of the Emissivity of Tungsten Ribbon, Physica XX, pp.690-714（1954）

2章　照明としての光

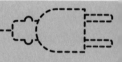
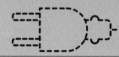

　電磁放射エネルギーのうち，人間の目が知覚できる波長域は一般に380～780 nmとされ，この範囲の放射は**可視放射**とも呼ばれる（**図2.1**）。各波長のエネルギーを等量ずつ混合するとわれわれの目には白色に映るが，ごく狭い範囲の波長エネルギーを抽出すると，波長の短い方から虹の七色（紫，藍，青，緑，黄，橙，赤）を呈しているようにわれわれの目には映る。この7色を提唱したのはニュートンで，音階と関連づけて，「各色の帯の幅が，音楽の音階の間の高さに対応している」と考えたためといわれている。

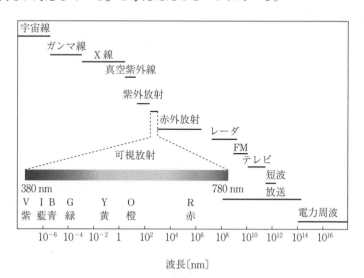

図2.1　電磁放射エネルギー

本章では，人間の目に見える範囲の電磁放射エネルギー・可視放射を「光」として扱う．人間の目がモノや色を知覚する仕組みや人間の視覚に基づき光のエネルギーを定量的に表現する方法について解説する．

2.1 光を知覚するしくみ

人間は五感を使ってさまざまな情報を取得しているが，目から得られる情報が全体の約7割を占めるといわれる．目から視覚情報を得るためには，光が不可欠である．人間は光源から発せられる光を直接知覚することはあまりなく，物体の表面で反射した光，あるいは透過した光を知覚する場合がほとんどである．照明計画を行う際は，光源の特性だけでなく，照射される物体表面の反射・透過特性，さらには人間の視覚特性にも配慮する必要がある．

2.1.1 目への入射から脳への情報伝達まで

人間が目から取得する視覚情報は，図2.2に示すように，光源→物体→目→

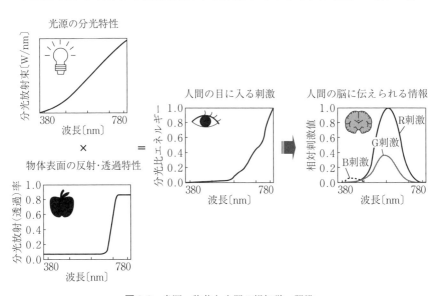

図2.2 光源，物体と人間の視知覚・認識

脳といった経路で伝達・再生される。光源から発せられた光は，人間が注視している物体の表面に照射された後，物体表面で反射あるいは透過し，人間の目にはその反射光あるいは透過光が入射する。人間の目に入った光は，網膜上にある視物質に吸収された後，視神経を通って脳に伝達される。人間の目に入る光の分光特性は，光源の分光分布と物体表面の各波長の光に対する反射あるいは透過特性の組合せによって決まる。また，光を受容する人間の目の特性によっても光の感じ方（明るい-暗いなど）は異なってくる。

2.1.2 目の構造と機能

人間の目の構造はカメラの構造によく例えられる。人間の目の断面図を図 2.3 に示す。眼球の一番外側にある**角膜**で屈折された光は，**瞳孔**を通って**水晶体**でさらに屈折され，**網膜**に至る。網膜上で信号処理された情報は，**視神経**を伝って大脳に伝達される。瞳孔はカメラの絞りと同様の機能を果たし，**虹彩**によってその大きさを直径約 2 mm から約 8 mm まで変化させ，眼球に入る光の量を調整する。水晶体はカメラのレンズと同様の機能を果たし，焦点距離に応じてその厚みが**毛様体筋**により調節される。

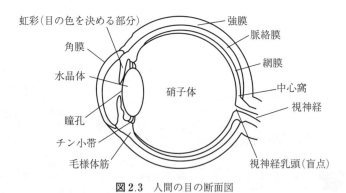

図 2.3 人間の目の断面図

網膜上には，**錐体細胞**（cone cell）と**桿体細胞**（rod cell）の二種類の視細胞が分布している。錐体細胞は明るいところで働き，桿体細胞は暗いところで働く。錐体細胞には，L 錐体，M 錐体，S 錐体の三種類があり，それぞれ分光

感度のピーク波長が異なる。L錐体の感度のピーク波長は560 nmで三種類の錐体細胞のうち最も長く，M錐体の感度のピーク波長は530 nm，S錐体の感度のピーク波長は430 nmで三種類の錐体細胞のうち最も短い。人間は三種類の錐体細胞によって，色の刺激を光の三原色RGBの刺激値に分解し，色を知覚する。一方，桿体細胞は1種類しかないため，色を知覚することはできないが，少ない光に対しても非常に感度良く感応する。視細胞は網膜上に均等に分布しているわけではなく，錐体細胞はそのほとんどが**中心窩**に存在し，逆に桿体細胞は中心窩にはほとんど存在しない（図2.4）。網膜上には視神経および血管が一箇所に集まる場所があり，そこには視細胞が存在しない。この点は**盲点**（**視神経乳頭**）と呼ばれ，盲点に光刺激が当たった場合は，光を知覚することができない。

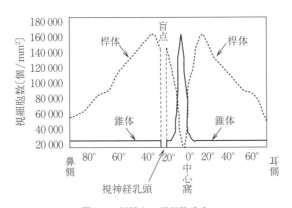

図2.4　網膜上の視細胞分布

　明るいところ（照度10 lx〜，照度については2.2.3項参照）に目が順応しモノを見ている状態を**明所視**，暗いところ（照度〜0.01 lx）に目が順応しモノを見ている状態を**暗所視**という。明所視と暗所視の間の目の状態（照度0.01〜10 lx）は**薄明視**と呼ばれ，錐体細胞と桿体細胞の両方が機能する。

　暗所視の状態から明所視の状態に変化する過程を**明順応**，明所視の状態から暗所視の状態に変化する過程を**暗順応**という。瞳孔径の調整，機能する視細胞のスイッチングにかかる時間が明順応と暗順応とでは異なり，明順応はおおよ

そ40秒から1分で完了するのに対し，暗順応は30分から最大1時間ほどを要する。

明所視では，網膜の中心部に存在する錐体細胞を使って**中心視**で視覚情報を捉えることになり，目が注視しているモノの細かい形や色を知覚することができる。一方，暗所視では，網膜の周辺部に存在する桿体細胞を使って**周辺視**で視覚情報を捉えることになり，周辺に存在するモノの細かい形や色を知覚することはできないが，少ない光量でも感度良くその存在を把握することができる。

人間の目は瞳孔径の大きさや二種類の視細胞の使い分けによって，満月の夜の明るさ（照度にして約0.2 lx）から直射日光のある昼間（照度にして約10万 lx）まで非常に広範囲の明るさに適応できるが，加齢により適応できる範囲は狭くなる。瞳孔径の調節機能（**図2.5**）や錐体細胞の感度・個数の低下，水晶体の白濁・黄変等によって，網膜に到達する光量が減少する。**図2.6**に示すとおり，短波長の光に対する感度が特に低下するので，短波長域の光を多く含む光源を使用する際には注意を要する。

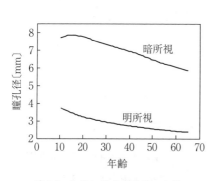

図2.5 加齢に伴う瞳孔径の変化

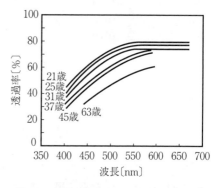

図2.6 加齢に伴う水晶体透過率の変化[1]

2.1.3 視感度

人間の目は，目に見えるすべての波長の光に対して等しい感度を持ち合わせているわけではない。一般に**図2.7**に示すような各波長の光に対する感度特性（**分光視感効率**，あるいは**比視感度**という）を持つとされる。明所視で最も感

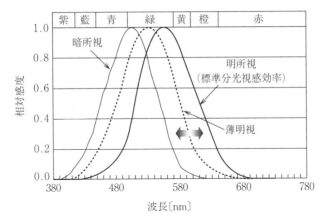

図2.7 人間の目の分光感度特性

度が高くなるのは波長555 nmの光に対してで，それより波長が短い光に対しても長い光に対しても，目の感度は低下し，可視域の境界付近ではほとんど光を感知しない。暗所視では波長507 nmの光に対する感度が最も高くなり，全体的に明所視の目の感度より短波長側にずれる。この現象を**プルキンエ現象**という。

薄明視では錐体細胞と桿体細胞の両方が働くため，そのときの目の分光感度特性も明所視での感度特性と暗所視での感度特性の間に位置するが，明所視の感度に近いか，暗所視の感度に近いかは目の順応している明るさによる。

光の量の大小を表す測光量は，明所視における人間の目の感度特性に基づき定義される。明所視における人間の目の分光感度特性を**標準分光視感効率**，あるいは**標準比視感度**という。

2.2 測 光 量

2.1節で記したように，人間がモノを見るためには光が不可欠である。見る対象物の条件によって，必要とされる光の量（**測光量**）は異なる。測光量は，人間が感じる明るさと比較的対応するように，光の持つエネルギーのうち，人

間の目が知覚できる範囲について人間の目の感度を考慮し定められる量である。このような人間の感覚を加味した量を，**心理物理量**という。

発光体から発せられた光が人間の目に届くまでの伝搬経路に従って各測光量を整理すると，図2.8のようになる。以下に各測光量について解説する。

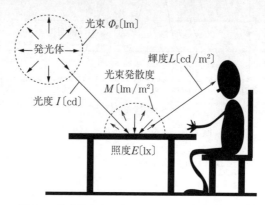

図2.8 発光体からの光が目に届くまでの伝搬経路

2.2.1 光　　束

光束 Φ_v は，ある発光体から単位時間に放射される放射束のうち，人間の目に見える範囲の波長域（380～780 nm）について，明所視での人間の目の分光感度特性（標準分光視感効率）$V(\lambda)$ で重み付けし積分した値で，式 (2.1) のとおり定義される。

$$\Phi_v = K_m \int_0^\infty \Phi_{e,\lambda}(\lambda) V(\lambda) d\lambda \quad [\mathrm{lm}]（ルーメン） \tag{2.1}$$

$\Phi_{e,\lambda}(\lambda)$：分光放射束（単位時間の波長別の放射エネルギー）〔W/nm〕
$V(\lambda)$：標準分光視感効率〔－〕
K_m：明所視における最大視感効果度（＝683 lm/W）

発光体から放射されるエネルギーのうち人間が光として知覚できる量を表し，すべての測光量の基本となる。

2.2.2 光　　度

光度 I（図 2.9）は，発光体からある微小な範囲（単位立体角 $d\omega$〔sr〕（ステラジアン））に向けて発せられる光束 $d\Phi_v'$〔lm〕の密度で，式 (2.2) のように表される。

$$I = \frac{d\Phi_v'}{d\omega} \quad [\text{cd}]（\text{カンデラ}） \tag{2.2}$$

立体角（図 2.10）は，ある点 P を中心とする単位長さを半径に持つ球面上に対象光源を投影した際の球体表面に占める投影面積と定義される。すなわち，立体角の最大値は 4π となる。全方向に均等に放射する総光束 Φ_v〔lm〕の光源の光度は，$\Phi_v/4\pi$〔cd〕となる。

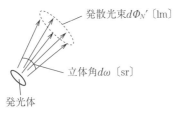

図 2.9　光　　度

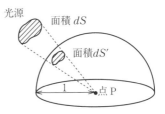

図 2.10　立体角の定義

2.2.3 照　　度

照度 E（図 2.11）は，対象点を含む微小面に入射する光束 $d\Phi_v$〔lm〕の微小面の単位面積 dS〔m²〕当りの入射光束密度で，式 (2.3) にように表される。

$$E = \frac{d\Phi_v}{dS} \quad [\text{lx}]（\text{ルクス}） \tag{2.3}$$

照度は図 2.12 に示すような照度計を用いて測定することができる。照度計

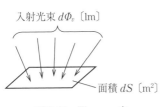

図 2.11　照　　度

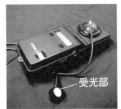

図 2.12　照　度　計

の受光部の形からもわかるように，照度はある微小面に入射する光度の総量を表す。受光部に対し斜め方向から入射する光の照度は，入射光の法線面照度に対し，受光部の法線と入射光のなす角（入射角）の余弦に比例しなければならない。照度計の受光部には，人間の目の標準分光視感効率（標準比視感度）に近い感度を持つシリコンフォトダイオードがフィルターとして用いられる。しかし，人間の目の感度とフィルターの感度を完全に一致させることは難しい。そのため，測定光の分光分布が照度計を校正する際に用いた光源の分光分布と異なる場合は，誤差（異色測光誤差）が生じることになる。この誤差は，機種ごとに定められる色補正係数により補正する。

2.2.4 光束発散度

光束発散度 M（図2.13）は，対象点を含む微小面から発散される光束 $d\Phi_v'$〔lm〕の微小面の単位面積 dS〔m^2〕当りの発散光束密度で，式(2.4)で表される。

$$M = \frac{d\Phi_v'}{dS} \quad [\text{lm}/\text{m}^2] \tag{2.4}$$

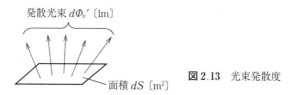

図2.13 光束発散度

微小面が受けた光を均等に拡散反射させる面の場合（反射率 ρ），入射光束 $d\Phi_v$〔lm〕に対し，光束発散度 M と照度 E は式(2.4)′のような関係となる。

$$M = \frac{d\Phi_v'}{dS} = \frac{d\Phi_v \times \rho}{dS} = \rho E \quad [\text{lm}/\text{m}^2] \tag{2.4}'$$

2.2.5 輝　度

輝度 L（図2.14）は，ある微小面からある方向に発散される光束 $d\Phi_v'$〔lm〕の単位立体角 $d\omega$〔sr〕，単位投影面積 $dS\cos\theta$〔m^2〕当りの発散光束密度で，

2.2 測光量

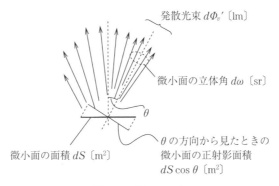

図 2.14 輝　　　度

式 (2.5) で表される。ここで θ は，微小面の法線と光の発散方向のなす角である。

$$L = d\Phi_v / (d\omega \cdot dS \cos \theta)$$
$$= dI / dS \cos \theta \ [\mathrm{cd/m^2}] \ (\text{カンデラ毎平方メートル}) \tag{2.5}$$

輝度は図 2.15 に示すような輝度計を用いて測定することができる。輝度はある微小面からある特定の方向に向かって発散される光の量を表し，測定の際は光を発する対象点をねらって測定する。照度と輝度の違いは図 2.16 に示すとおりで，任意の点で測定される照度は光の到来方向に関係なく対象点が受け取る光度の総量が等しければ同じ値になるのに対し，輝度は対象点を見る方向によって異なる場合（全方向から光が均等に届かない場合）もある。最近では，巻頭の口絵1のようにカメラを用いた画像測光により，広範囲の面の輝度分布を同時に測定できるようになっている。シャッタースピードとレンズの絞

図 2.15　輝度計と輝度の測定

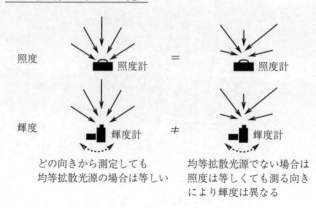

図 2.16 輝度と照度の違い

りを組み合わせ複数の条件下で撮影した画像を重ね合わせることにより，幅広いレンジの輝度を同時に測定できる。

2.3 測　色　量

われわれの日常生活において，色によって伝わる情報は多分にある。色を正確に表現することは照明の重要な役割の一つである。ここでは，色を定量的に表現する方法，色の見えに対する照明の効果について解説する。

2.3.1　光の色と物体の色

光源から放射される光の色と光が反射あるいは透過して見える物体の色は区別して扱われる（**口絵 2**）。分光感度の異なる三種類の錐体細胞に対応する赤（R）・緑（G）・青（B）の3種の色刺激を適当な比率で混合することで，任意の光の色を再現することができる。光の色を再現する際の基本となるこの三種類の色刺激を，光の**三原色**という。RGB に相当する光のエネルギーを等量ずつ混色すると白色になる。

一方，物体の色はシアン（C）・マゼンタ（M）・イエロー（Y）の三種の色刺激を適当な比率で混色することで，再現される。この三種の色刺激を物体の色の三原色という。CMY を等量ずつ混色すると黒色になる。

2.3.2 等色関数

各波長の単色光と等しい色に見えるような 435.8 nm の青色光と 546.1 nm の緑色光，700 nm の赤色光の混合比を求める実験（等色実験）の結果に基づき，図 2.17 のような RGB 等色関数が定められている．光源の分光分布と RGB 等色関数を用いて式 (2.6) により，任意の光色を RGB の三刺激値で表現することができる．この RGB の三つの数値で光の色を表す方法を **RGB 表色系** という．

$$R = \int_{380}^{780} \Phi_{e,\lambda}(\lambda) r(\lambda) d\lambda$$
$$G = \int_{380}^{780} \Phi_{e,\lambda}(\lambda) g(\lambda) d\lambda \tag{2.6}$$
$$B = \int_{380}^{780} \Phi_{e,\lambda}(\lambda) b(\lambda) d\lambda$$

RGB 等色関数には一部，$r(\lambda)$ で負の値を取る箇所がある．これは，任意の単色光が青・緑系の純色の場合に，単色光に赤色光を加えない限り RGB の混合で等色できないことを意味している．この一部の刺激値が負になるという不具合や，RGB 値だけでは色の持つ明るさの情報が示せない点などを修正したのが，**XYZ 表色系** である．RGB 表色系から XYZ 表色系へは，式 (2.7) により変換される．XYZ 等色関数（図 2.18）を用いて式 (2.8) より，任意の光色の三刺激値 XYZ を求めることができる．

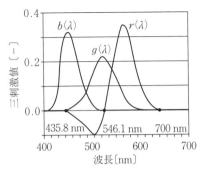

図 2.17　RGB 等色関数

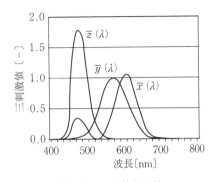

図 2.18　XYZ 等色関数

$$\begin{pmatrix} \bar{x}(\lambda) \\ \bar{y}(\lambda) \\ \bar{z}(\lambda) \end{pmatrix} = \begin{pmatrix} 2.7689 & 1.7517 & 1.1302 \\ 1.0000 & 4.5907 & 0.0601 \\ 0.0000 & 0.0565 & 5.5943 \end{pmatrix} \begin{pmatrix} \bar{r}(\lambda) \\ \bar{g}(\lambda) \\ \bar{b}(\lambda) \end{pmatrix} \quad (2.7)$$

$$\begin{aligned} X &= \int_{380}^{780} \Phi_{e,\lambda}(\lambda)\bar{x}(\lambda)d\lambda \\ Y &= \int_{380}^{780} \Phi_{e,\lambda}(\lambda)\bar{y}(\lambda)d\lambda \\ Z &= \int_{380}^{780} \Phi_{e,\lambda}(\lambda)\bar{z}(\lambda)d\lambda \end{aligned} \quad (2.8)$$

$\bar{y}(\lambda)$ は標準分光視感効率 $V(\lambda)$ と等しくなるよう定義されており，Y 値によって輝度が求められる．

2.3.3 色の心理物理的表示

XYZ 表色系では，三つの値で色情報が与えられるが，三つの値を同時に図示するのはやや複雑である．そこで，式 (2.9) のとおり三つの値の相対的な大小関係を求め，このうち二つの値だけを抽出して二次元の図上に表現することがある．x（赤-緑）と y（黄-青）の二つの値だけを抽出して図示したものが**口絵 3** で，CIE xy **色度図**と呼ばれる（CIE とは，Commission Internationale de l'Eclairage，国際照明委員会の略で，光・照明・色などに関する国際標準を定める団体）．$x=y=z=1/3$ の点は，RGB が等量ずつ混合された点であり，白色（無彩色）となる．xy の値に Y の値を添えることで，光色と明るさの両方を特定することができる．

$$\begin{aligned} x &= X/(X+Y+Z) \\ y &= Y/(X+Y+Z) \\ z &= Z/(X+Y+Z) \end{aligned} \quad (2.9)$$

これ以外にも，等輝度の色に対する感覚差が図上の距離に比例するよう目盛を定めた UCS 色度図などがある．

2.3.4 色の心理的表示（マンセル表色系）

マンセル（A. H. Munsell）が考案した色票集に基づく表色方法で，**色相**（ヒュー）**明度**（バリュー）/**彩度**（クロマ）の三属性で表現される。例えば，明度 5，彩度 14 の赤色であれば，5R 5/14 のように表現され，同じ明度 5 でも無彩色の場合は彩度は表記せず N5 のように表現される。明度の値を V とすると，明度 V と反射率 ρ の間にはおおよそつぎの関係が成り立つ。

$$\rho = V(V-1) \tag{2.10}$$

色相は色みの系統を記号で表すもので，赤（R），黄（Y），緑（G），青（B），紫（P）の五つの色相を基本に，その間に黄赤（YR），黄緑（GY），青緑（BG），青紫（PB），赤紫（RP）を配して 10 色相とし，さらに各色相間を色相知覚の差が等間隔となるように 10 分割，全部で 100 に色みが分割される（**口絵 4**）。色みの感じられない白，黒，灰色のような**無彩色**は，N（Neutral）の記号が当てられる。

明度は色の明暗の度合を数値で表すもので，最も暗い色（黒）と最も明るい色（白）の間が感覚的に等間隔となるよう 0 から 10 までの数値で表現する。

彩度は色みの強さの度合を表すもので，**有彩色**の色みの強さをその色と明度の等しい無彩色と比べたときの感覚的な隔たりを数値で表したものである（**口絵 5**）。最高彩度の値は，色相・明度によって異なる。

2.3.5 演色性と演色評価数

2.1.1 項で記したように，われわれの目が取得する視覚情報は，視対象物を照らす光の分光分布と照射される物体表面の分光反射率の組合せによって決まる。視対象物表面の分光反射率が等しくても，照射する光源の分光分布が異なれば色の見え方も異なってくる。物体の色の見えに影響を及ぼす光源の性質を**演色性**という。任意の光源の演色性は，その光源と等しい**色温度**の黒体軌跡上にある基準光源と比較して評価される。基準光源で照射したときの物体の色の色度と試験光源で照射したときの色度のずれの大きさを 100 から引いた値が**演色評価数**として求められ，その値が 100 に近いほど試験光源と基準光源とで色

の見え方が近いことを意味する。

演色評価には，**口絵6**に示す試験色を用いることが定められている。R1からR8の8色は**平均演色評価数** Ra を求める際に使用される。R9からR15は**特殊演色評価数**を求める際に使用され，特定の色に対する演色性を評価したい場合に使用される。R13は西洋人女性の平均的な肌色，R15は日本人女性の平均的な肌色である。国際的にはR1～R14が共通で用いられ，R15は日本のJIS基準でのみ使用される。**表2.1**に一般照明に使用される代表的な光源の平均演色評価数 Ra を示す。

表2.1 一般照明に使用される光源の平均演色評価数（2016年現在）

光源	平均演色評価数 Ra
白熱電球	100
三波長型蛍光ランプ	60～99
LED	60～98
メタルハライドランプ	65～93
高圧ナトリウムランプ	25～85
水銀ランプ	14～40

演習問題

(2.1) 人間の視覚に関する以下の記述について，正しいものには○，誤っているものについては正しい記述に書き改めなさい。

① 明所視では色を識別できるが，暗所視では色を識別することはできない。

② 明順応に要する時間は，暗順応に要する時間よりも長い。

③ 明所視の状態では，波長400 nmの光に対する目の感度よりも波長550 nmの光に対する目の感度のほうが良い。

④ 薄明視の状態では，錐体細胞と桿体細胞の両方が機能し，分光視感効率は明所視の分光視感効率と暗所視の分光視感効率のちょうど中間となる。

⑤ 加齢に伴い瞳孔は徐々に開かなくなっていくが，特に明所視において

その傾向は顕著である。

(2.2) 光源Aから300 lm，光源Bから600 lmの光が面Pに入射するときの面Pの照度を求めよ（**図2.19**）。ただし，天井や壁など，周囲からの反射光の影響はないものとする。

(2.3) 問題（2.2）の面Pが反射率70％の均等拡散面の場合の面Pからの光束発散度を求めよ。

(2.4) 総光束3 000 lmの均等拡散光源の光度を求めよ。

(2.5) 光度100 cdの微小面Sを点Vから注視したときの輝度を求めよ（**図2.20**）。

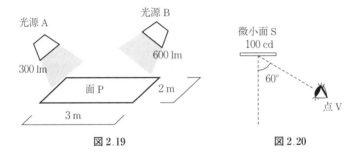

図2.19   図2.20

(2.6) 試験色R1からR8の演色評価数が80, 90, 85, 82, 88, 90, 94, 87の光源の平均演色評価数Raを求めよ。

(2.7) マンセル表色系でN8と表される色のx色度，y色度の値はいくつか。

(2.8) マンセル色票で7.5GY 6/10と表される色の色相名とおおよその反射率を求めよ。

引用・参考文献

1) 社団法人インテリア産業協会：高齢者のための照明・色彩設計—光と色彩の調和を考える—，第3版，p.31，産業能率大学出版部（2003）

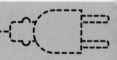

3章　照明用光源の種類と特徴

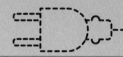

　現在日本で使用されている主たる光源として，白熱電球，蛍光ランプ，HIDランプ，LEDなどがある。この章では，これらの光源および点灯装置（器具，制御システム）の特徴を整理する。まず理解を深めるために，重要なことを整理してみる。

① **光源の効率**は，消費電力に対する光束の比で示され，単位は〔lm/W〕である。

② 光源はものの見え方に大きな影響を及ぼし，その見え方を決定する性質を**演色性**と呼ぶ。演色性は平均演色評価数（Ra）で評価され，最も良いのは $Ra=100$ の場合で，太陽光の下での見え方と同じとみなされる。

③ 人間の心理に影響を及ぼす光源の色は，**色温度**で示される。色温度とは，その色を発生する黒体の温度〔K〕で示され，光源の実温度とは関係ない。色温度が低くなるほど赤みを帯び，暖かく感じる。

④ 光源の寿命は，光源が点灯不能になるまでの時間と光束維持率が基準値以下になるまでの時間とのうち短い方で定義される。

⑤ **保守率**（本編の4章で説明）とは，照明器具を一定期間（一般的には寿命までの期間）使用した後の光束の初期光束に対する比である。使用時間中の器具の汚れなども影響するが，最も重要なのは光源の光束維持率である。

　これらを理解した上で，これらの光源の特徴を述べる。最も大きな違いは出力であり，それが使用される分野（屋内，屋外など）に影響を与えている。白熱電球は1 000 lm（ルーメン）前後，蛍光ランプは1 500～9 000 lm程度，

HIDランプは 4 000 〜 50 000 lm 程度のものが多い。LED は素子 1 個当り 100 lm 程度であるが，それを小さなスペースに並列配列することで，任意の大出力の光源が作られるようになり，前述の三つの光源に置き換わりつつある。

3.1 白 熱 電 球

白熱電球は物体が発熱し高温になると光を放出する性質（温度放射）を利用したものである。電力の多くが熱や赤外線として放出され，発光効率が悪いために LED に取って代わられつつあるこのランプは，技術的に注目すべきことが多く，それを紹介する必要があると考えてこの節を設けた。このランプはエジソンの発明といわれているが，四半世紀も前から研究されサンプルもできていた。しかし電気が普及していなかったため実用化まで至らなかったようである。エジソンは，実用化を主目的とし，その赤熱させる材料に木綿糸や竹を炭化させたフィラメントを用いた。これを真空中に置き電気を流して赤熱させたのである。

日本では白熱舎（現東芝の前身）が 1890 年に京都八幡の竹を用いて作成している。その後，1910 年にクーリッジによりタングステンフィラメントが開発され，広く普及し始めた。白熱電球は，1960 年代にハロゲンを封入することにより長寿命・高効率を可能にしたハロゲン電球が発明され，そしてランプ管表面に赤外線反射膜を取り付けてさらに高効率にしたものなどが開発された。

余談であるが，エジソンがアメリカで白熱電球の実験に成功した同時期に，イギリスでスワンが同様の実験に成功している。白熱電球としてはエジソンの方が実用的に優れていたためより有名になったが，口金（ベース）部分では二人の名前が同等に知られている。イギリスを除く欧米各国や日本では，エジソンが考えたスクリューベース型のものがエジソンベース（**図 3.1**（a））と呼ばれて使用されている。一方，スワンが考案した口金はスワンベース（図（b））と呼ばれて，イギリスやオーストラリアで一般に使われている。

（a） エジソンベース　　（b） スワンベース

図3.1　口金の種類

3.1.1　一般白熱電球の構造と特徴

　白熱電球の構造を図3.2に示す。口金部分から導入線を通して電流がタングステンフィラメントに供給され，それが赤熱することで発光する。タングステンが蒸発により断線したときがランプ寿命になる。蒸発したタングステンがガラス球内部に付着するため，点灯時間とともに光束は低下する。内部にはタングステンの蒸発を抑えるために不活性ガス（希ガスや窒素）が封入されている。内部のヒューズは安全のためであり，アンカーはタングステンフィラメントを構造的に保持するためのものである。このランプは（軟質）ガラスの加工技術，タングステンの線引き技術など多く技術を必要とするが，その中で注目すべきものは導入線の根元部分とガラスとの溶着技術である。ランプを作成するとき，高温中で内部を真空にして不純ガスを取り除き，その後不活性ガスを封入する。そして点灯後は，タングステンフィラメントが3 000〔K〕近くまで上昇する。したがってランプ内部は密閉された状態でなければ，タングステンフィラメントが酸化して点灯しなくなる。室温から高温まで膨張率の違うガ

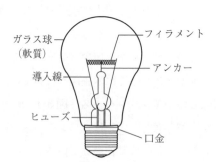

図3.2　白熱電球の構造

ラスと金属を気密保持するためには，ジュメット線を利用している。これは亜酸化銅の薄い膜をもった導線であり，この薄い膜の部分で（導入線とガラスの）熱膨張の違いを補っている。

この欠点は三つである。
① タングステンが蒸発・断線するため，短寿命（約1 000時間）である。
② 蒸発したタングステンがランプ外管に付着するため低光束維持率である。
③ 温度放射を利用しているため可視光放射に比べ赤外領域放射が多く低効率である。（100 W白熱電球で，出力1 500 lm，約15 lm/W）。

このランプの長所は温度放射を利用しているため，演色性が良いことである。

3.1.2 ハロゲン電球の構造と特徴

ハロゲン電球の構造を図3.3に示す。このランプの発光原理は上述の白熱電球と同じであるが，不活性ガス（N_2や希ガス）のほかにヨウ素などのハロゲンガスを封入していることが異なる。電極からタングステン原子が蒸発して管壁付近に到達するとそこでハロゲンと結合する。ハロゲン化金属は蒸気圧が高いため，管壁に付着せず空間中に浮遊する。そして電極近傍の高温の場所に行くと乖離してハロゲンとタングステンになり，そのタングステンは電極に再び付着する。したがって電極寿命は延びる。この反応は**ハロゲンサイクル**と呼ばれる。その反応式をつぎに示す。

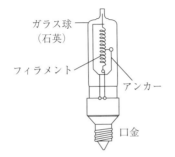

図3.3 ハロゲン電球の構造

(管壁付近_低温)：タングステン＋ハロゲン

→タングステン-ハロゲン化合物

(電極付近_高温)：タングステン-ハロゲン化合物

→タングステン＋ハロゲン

このランプの特徴は以下の四つである。

① タングステンが管壁に付着しないために，点灯時間による光出力の低下がない（高光束維持率）。

② 電極からのタングステンの蒸発が抑えられるため，長寿命（約3 000時間）である。

③ 電極温度を上昇させることができ，高効率・高出力である（ミニハロゲンタイプ65 Wで1 550 lm，効率23 lm/W）。

④ ランプ管壁を高温状態にする必要があり，高温に耐える石英ガラスが使用されている。取扱いには，（直接手で触れないように）注意が必要である。

⑤ 非常に小型で演色性が良いため，店舗や博物館のスポット照明用に使用される。

また，ランプをより高温にするために，石英管バルブの外表面に赤外線反射膜（多層干渉膜）を設け，より高効率化しているタイプもある。

このハロゲンサイクルを起こすためには，ランプ内部の温度設計は非常に重要であり，それが不適切だとハロゲンが封入線などを酸化させ短寿命の原因となる。ハロゲンが導入線などを酸化させ短寿命を引き起こすことを「ハロゲンアタック」が起きたということがある。

3.2 蛍光灯（蛍光ランプ点灯システム）

蛍光ランプはアメリカのGE社の研究者であるインマンらが開発したといわれている。この蛍光灯器具は日本の一般家庭で多く使用されている。家庭で使用されているものは，その点灯方式（点灯回路システム）の違いにより大きく

3.2 蛍光灯（蛍光ランプ点灯システム）

三種類（グロースタート型，ラピッドスタート型，インバータ型）に分けることができる。蛍光ランプの基本構造は同じであるが，それぞれの点灯システムに適したランプ設計がなされている。以下に蛍光ランプの基本構造およびその発光メカニズム，各点灯方式の特徴を述べる。

3.2.1 蛍光ランプの構造と発光メカニズム

蛍光ランプの概略図を図 3.4 に示す。ランプ管内には数 mg の水銀と数百 Pa の希ガス（おもに Ar）が封入されている。電極は数十 μm のタングステンをコイル状に巻き，電子放出しやすくするために表面にエミッタ物質（酸化バリウム等）を塗布してある。電極から出た電子は水銀を電離および励起発光させる。

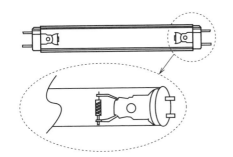

図 3.4 蛍光ランプの概略図

そこから放出された紫外線（254 nm）をランプ管内壁に塗布された蛍光体により可視光に変換している（フォトルミネセンスを利用している）。ランプ出力（光束）はランプ内部の水銀原子数（蒸気圧）に大きな影響を受ける。一般照明で使われている φ25 mm 直管ランプでは，ランプ管壁の最冷点部の温度が 40 ℃ のとき効率が最大となり，それより高温でも低温でも効率は低下する。理由は温度が低いと発光種である水銀原子数が少なく，温度が高すぎると水銀原子数が多くなることにより発生する誘導吸収により紫外線が管壁に到達しにくくなるためである（これを**自己閉込め**，あるいは自己吸収と呼ぶ）。

このランプの代表的なものとして，直管 2 フィート長（約 16 W）で 2 000 lm，4 フィート長（約 32 W）で 3 200 lm，8 フィート長（約 86 W）で 9 200 lm の

ものがある。蛍光ランプの効率は長さによって異なるが，80～100 lm/W とされている。

蛍光ランプは，その点灯方式（3種類）により，ランプの仕様が異なる。それらを以下に説明する。

3.2.2 蛍光ランプ点灯方式

（1）グロースタート型

最も古くからある点灯方式であり，その原理図を図3.5に示す。図中にあるSW（スイッチ）がONすると電極フィラメントを通して循環電流が流れる。その電流により電極が加熱され熱電子を放出する。この電流を先行加熱電流と呼び，定格電流の約1.5倍の大きさになるように設計されている。熱電子が十分放出した時点でSWをOFFにすると回路中にあるチョークコイルによってキック電圧が発生し，それによりランプが点灯するものである。実際の点灯装置では，スイッチではなくグロー球が取り付けられ，スイッチの役目を果たしている。

点灯管の基本構造を図3.6に示す。点灯管は電源電圧が印加されるとバイメタル電極と固定電極の間で放電を引き起こす。その熱でバイメタル電極が変形し固定電極に接触する。これが図3.5のSWをONした状態と同じになる。電極同士が接触すると放電がなくなり，バイメタル電極の温度が下がる。その結果再び，バイメタル電極と固定電極が離れる。これが図3.5のSWをOFFした状態になる。この点灯方式の欠点は，先行加熱に数秒かかること（始動が遅い），点灯管の性能により電極の先行加熱時間がばらつくことで点滅を繰り返

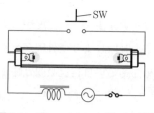

図3.5　グロースタート型の原理図

図3.6　点灯管の基本構造

3.2 蛍光灯（蛍光ランプ点灯システム）

すと短寿命になりやすいこと，の2点である。この点灯方式使用されるランプはFL型と呼ばれるものである。

（2） ラピッドスタート型

これは始動に数秒かかるというグロースタート型の欠点を改善し，1秒程度まで早めるために考案された点灯回路である。その基本回路（ランプは接地近接導体タイプ）を**図3.7**に示す。この回路の特徴（グロースタート型との違い）は以下の二つである。

① 電源電圧の印加と同時に電極が加熱され始め，かつ点灯中も加熱され続けていることである。そのためグロースタート型に使用する（FL型）ランプの電極と設計思想が異なる。この点灯方式に使用されるランプをFLR型と呼ぶ。

② このランプには接地近接導体を取り付ける，もしくはランプ内部に導電被膜を取り付ける，あるいは管壁にシリコーンなどを塗布し，絶縁抵抗を高くするなどの工夫がなされている。

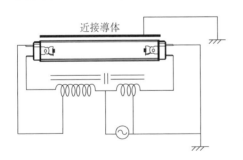

図3.7 ラピッドスタート型

（3） インバータ型

この点灯方式は電子回路用いて高周波点灯でランプを点灯するものである。多くの回路が存在するが，最も一般的なハーフブリッジ方式のものを**図3.8**に示す。この回路は，始動時にFET（field effect transistor，電界効果トランジスタ）のスイッチング周波数を図中のL_2，C_6の共振周波数に近い値とし，ランプ両端電圧を高くする。点灯すると周波数を適性の値に変化させ定常点灯にさせる。このように始動電圧を高くすることができるため，始動時間が短くな

032   3. 照明用光源の種類と特徴

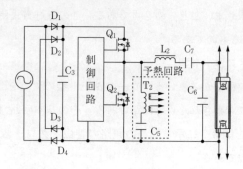

図3.8　ハーフブリッジ型インバータ回路

る。また，点灯中に周波数を高くすることで，ランプ電流を低下させ調光（光出力を制御）することができるのも大きな特徴である。

3.3 HID ランプ

　HIDランプは高輝度放電（high intensity discharge）ランプのことであり，その特徴は放電プラズマ中の金属原子から直接放射される可視光を利用していることである。金属を蒸発させるためには高温である必要があり，そのため放電管の外部のガラスバルブを保温目的で覆わせた2重管構造になっている（図3.9参照）。このランプはその発光する金属によって三種類に分けられている。開発は高圧水銀ランプ（発光種が水銀原子），高圧ナトリウムランプ（発光種がナトリウム），メタルハライドランプ（発光種がその他の金属）の順である。

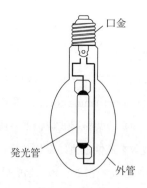

図3.9　HIDランプ基本構造

3.3.1 高圧水銀ランプ

蛍光ランプには低圧の水銀蒸気と希ガスが封入されていて紫外線から放射される紫外線を利用している。**図** 3.10 に水銀（Hg）の代表的な励起レベルを示して説明する（グロトリアン図）。圧力が低いときは $6^3P_1 \rightarrow 6^1S_0$ の紫外線（253.7 nm）が多く放出されるが，高温になりガス圧が増加すると基底状態 6^1S_0 の原子が増加するため $6^1S_0 \rightarrow 6^3P_1$ の誘導吸収（自己吸収ということが多い）が起こり，電子衝突により，さらに上位のレベル（$7^3S_1, 6^3D_{1,2,3}$）へ遷移するものが増える。その結果，可視光（435.8 nm, 546.1 nm）の出力が増加する。さらに圧力が増すと発光スペクトルは広がりを持つようになる（これを圧力広がりと呼ぶ）。低圧の状態と高圧の状態のスペクトルの違いを**図** 3.11 に示す。

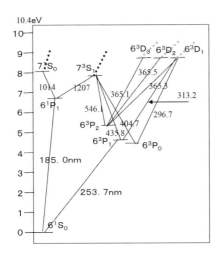

図 3.10　グロトリアン図（Hg）

これを照明のために利用したのが**高圧水銀ランプ**である。このランプは水銀を数十〜数百 mg 封入しており，高温にすることでそれらすべてを蒸発させている。発光管は石英ガラスで作られ高温に耐える設計になっている。外管にはおもに硬質ガラスが使われている。このランプの特徴は HID ランプの中では最も安価であるということ，水銀の可視光を利用しているため効率が悪く演色性も良くないことである。

3. 照明用光源の種類と特徴

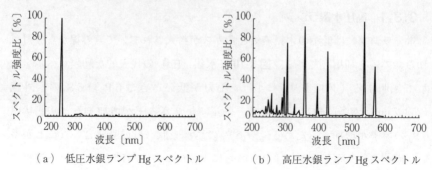

（a）低圧水銀ランプ Hg スペクトル　　　（b）高圧水銀ランプ Hg スペクトル

図 3.11　圧力による水銀スペクトルの違い〔データ提供：(a) 東芝ライテック株式会社，(b) ウシオ電機株式会社〕

3.3.2　高圧ナトリウムランプ

高圧ナトリウムランプは上述の高圧水銀ランプにナトリウムを封入したものと考えるとわかりやすい。実際にナトリウムはアマルガムペレットの形で封入している。点灯させると最初は水銀蒸気が電離を引き起こし放電が起こる。そして放電管の温度が上昇するとナトリウムが蒸発する。水銀よりナトリウムのほうが電離電圧も励起電圧も低いため放電はナトリウムの電離・励起により維持される。ナトリウムの蒸気圧は水銀より低いため，十分なナトリウムを蒸発させるには高圧水銀ランプより放電管を高温にする必要がある。

また石英はナトリウムと高温で結合しやすく，結合すると融点が低下し危険である。そのため放電間には高温に耐えてナトリウムと反応しないアルミナが使用されるため，非常に高価になる。発光は上述のようにナトリウムの放射スペクトルを利用している。蒸気圧が低いときは D 線と呼ばれる線スペクトル（589.6 nm および 589 nm）が放出される。D 線は視感度極性のピーク（555 nm）に近いため，これを利用したランプ（低圧ナトリウムランプ）は非常に高効率であるが，演色性は非常に悪い。発光管温度（つまり蒸気圧）が高くなるとそれが圧力広がりを引き起こすようになる。さらに温度が高くなるとよりスペクトル幅が広がるとともに，D 線の強度は誘導吸収によりどんどん低下し自己反転を引き起こす（**図 3.12**）。このように高圧ナトリウムランプは発光管温度によって発光スペクトル形状が大きく異なる。温度が高くなるにつれてス

3.3 HIDランプ

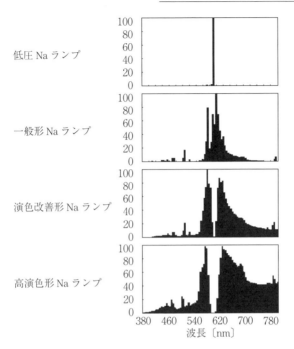

図3.12 Na圧力とスペクトル形状
〔データ提供：岩崎電気株式会社〕

ペクトル幅が広がるため高演色になるが，必然的に効率は低下する．このように高圧ナトリウムランプは，その発光管温度によって表3.1に示す種類に分けられている．

表3.1 高圧ナトリウムランプの種類と性能

ランプ名（Na圧力）	W範囲	効率〔lm/W〕	演色性Ra	色温度〔K〕
一般形（13 kPa）	180～940 W	90～150	25	2 050
演色改善形（30 kPa）	180～600 W	90～150	60	2 150
高演色形（65 kPa）	150～400 W	30～60	85	2 500

3.3.3 メタルハライドランプ

このランプは，高圧水銀ランプの放電管中に金属原子を封入し，その金属原子から出る可視光を利用し，効率・演色性を改善する目的で考えだされたもの

である。しかし金属原子は蒸気圧が非常に低く，そのままランプに封入しても十分な量の原子を放電空間中に供給することができない。しかし金属をヨウ化物（ハロゲン化金属）にすることで蒸気圧を上昇させることができる。このことに着目し，高演色・高効率なHIDランプを実現した。ハロゲン化金属を封入していることから**メタルハライドランプ**という名称がついている。

発光原理を簡単に説明する。ハロゲン化金属（MX_n）は高温では金属（M）とハロゲン（X）に分解し，低温になると結合する性質を持つ。**図3.13**に示すように高温な放電空間中にハロゲン化金属が入り込むとそこで分解し金属原子ができる。

　　　ハロゲン化金属　→　金属 + ハロゲン

それに電子が衝突し，励起発光を引き起こす。放電空間から外に出た金属はハロゲンと化合しハロゲン化金属になる。これは蒸気圧が高いため管壁に付着せず空間中に浮遊し，再び放電空間中へ移動する。

　　　金属 + ハロゲン　→　ハロゲン化金属

このように，**金属 + ハロゲン　⇔　ハロゲン化金属**　という可逆反応を繰り返し，金属原子をプラズマ中に供給し続けることを可能にしている。この現象を**ハロゲンサイクル**と呼ぶ。代表的なハロゲン化金属の組合せと特徴を**表**3.2に示す。

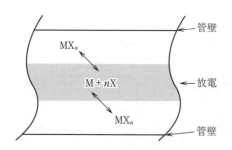

図3.13　ハロゲンサイクル

表 3.2　メタルハライドランプに使用される代表的なハロゲン金属

ハロゲン化金属	W 範囲	効率〔lm/W〕	演色性 Ra	色温度〔K〕
NaI – TlI – InI$_3$	400 W ～ 2 kW	70 ～ 80	65 ～ 70	5 500
ScI$_3$ – NaI	700 W ～ 2 kW	70 ～ 120	65	4 000
DyI$_3$ – TlI – CsI	700 W ～ 2 kW	70 ～ 80	90 ～ 96	4 500 ～ 5 500
DyI$_3$ – NdI$_3$ – CsI	250 ～ 400 W	70 ～ 80	90	6 500
SnI$_2$	250 ～ 400 W	約 50	90	4 600

3.4　固体発光光源

　固体発光を照明用光源として利用するための研究・開発が進められている。代表的なのが，EL 素子である。これは電界エネルギーにより発光を起こすものであり，機構的には**注入型**と呼ばれるものと**衝突型**と呼ばれるものの二種類ある。**注入型**は pn 接合に順方向電圧を印加し少数キャリヤを注入することで多数キャリヤと再結させ，その再結合放射発光を引き起こすものである。これを無機物により実現したのが **LED** である。一方，有機物で実現したのが**有機 EL**（OLED）である。**衝突型**は伝導バンドの電子が高電界で加速され発光中心に衝突し，それを励起発光させるものである。このタイプの発光物は無機物であり，**無機 EL** と呼ぶ。これらについて説明する。

3.4.1　LED

　現在，照明用光源として多くの分野に使用されている光源であり，日本語では発光ダイオードともいう。発光原理を簡単に述べる。LED は，**図 3.14** に示すように，p 型半導体と n 型半導体（どちらも無機物）を接合させる。それを順方向にバイアスすることで，その接合部分で伝導帯にある電子と価電子帯にある正孔を再結合させ，その禁制帯幅（バンドギャップ）に相当するエネルギーが光に変換されることで発光するものである。バンドギャップが違うと発光色も変わる。この違いは順方向降下電圧の違いとして現れる。赤外色では 1.4 V 程度であり，赤～緑では 2.1 V 程度，青色では 3.5 V 程度である。LED

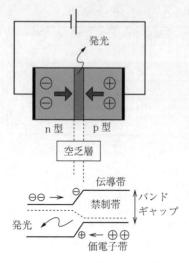
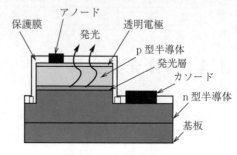

図 3.14　LED の発光メカニズム　　　図 3.15　LED の基本構造

の基本構造を**図 3.15** に示す。外部を覆っている保護膜の屈折率が発光層での発光を外部に引き出すための重要な要素となる。

　照明用途に LED を利用する方法として何種類かあるが代表的例を述べる。**図 3.16** に示すように青色発光の LED を配置し，その周囲に青色を吸収して黄色を放射する蛍光体を配置する構造体（以下 LED チップと呼ぶ）とする。そこから放射される光は，LED から直接放射される青色と，蛍光体から放射される黄色の混合色（つまり白色）となる。その発光スペクトルのイメージを**図 3.17** に示す。これが現在最も流通している照明用 LED チップである。

　その他のタイプとしては，図 3.16 と同じ構造で蛍光体に黄色のみでなく赤色などを加え演色性を上げるタイプ，LED を紫外線出力のものを用いて蛍光体に赤，青，緑の 3 波長タイプを用いるものなどがある。また蛍光体を用いず，青・赤・緑を出力する三つの LED を一つのチップの中に挿入し光出力をコントロールするタイプもある。照明用 LED チップの基本性能であるが，図 3.16 に示す代表的なタイプで，効率が 70 〜 100 lm/W，演色性 Ra が 70 〜 85，寿命 4 万時間である。1 チップ当りの入力が数 W の高出力タイプもでき

3.4 固体発光光源

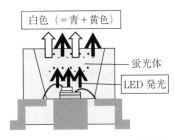

図 3.16 照明用 LED チップ構造

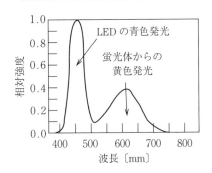

図 3.17 照明用 LED の発光スペクトル（イメージ図）

てきている．照明用 LED の特徴は高効率で長寿命であるだけでなく，小さなチップを何個か集めて高出力化できるということ（モジュール化），チップの光取り出し部分の構造などを変更することで配光制御が可能であるということである．

最後に，一般の整流に用いられるダイオードと LED の違いについて述べる．原理的には，整流に用いられるダイオードは間接遷移型であり，LED は直接遷移型であることの違いである．実際に使う場合の違いは，LED は逆耐圧が低い（5 V 程度）のため整流目的で使用する場合には工夫が必要である．

3.4.2 有機 EL

有機 EL は，発光原理は LED とよく似ている．構造は図 3.18 に示すように，電極の間に無機物（半導体）ではなく有機物質でできた発光層を挟んだサンドイッチ構造である．その発光層に陽極から正孔を注入し，陰極から電子を注入し，それらを再結合させることで発光させる．発光層の光を外に取り出す

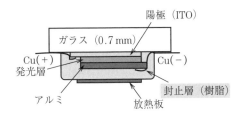

図 3.18 有機 EL の基本構造

ために，電極の片方は透明である必要があり，陽極の電極材料として透明導伝膜の ITO（酸化インジウムスズ）が使われている．有機 EL に使われる有機物が低分子の場合と高分子の場合とがある．最初に発見されたのは低分子タイプであり，のちになって高分子タイプが開発された．基本的な発光原理はほとんど変わらないが，現時点では低分子のほうが性能的には若干優れている．ただ高分子のほうが製造しやすいことからコスト的に有利であると考えられ，多くの研究がなされている．現時点で低分子タイプの研究レベルでの発光効率の最高値は発光面積が約 25 cm^2 のもので 110 lm/W，予測寿命 10 万時間が報告されている．一方，高分子タイプは 42 lm/W と低いものの，発光面積は 225 cm^2 と非常に大きさのものができている．

　有機 EL の発光原理は LED とよく似ているが，発光層が有機物であることから LED と異なりキャリヤ密度（正孔密度と電子密度）が非常に低い．そのため電極から効率良く正孔と電子を供給する必要がある．供給された正孔と電子は再結合し，そのエネルギーにより有機物の分子軌道である基底準位（LUMO）から励起準位（HOMO）に電子が励起され，それが元に戻るときに発光を引き起こす，と考えるとわかりやすい．正孔や電子は有機物質中を「ホッピング」しながら移動するため非常に動きにくい．そのため移動距離を短くする必要があり，必然的に有機層は非常に薄くする必要がある（数十～数百 nm）．また効率よく有機層にキャリヤを注入するための工夫もいろいろなされている．低分子タイプを例に挙げると，**図 3.19** に示すように，有機層を電子／正孔注入層，電子／正孔輸送層，発光層の 5 層構造にしてあるものが多い．

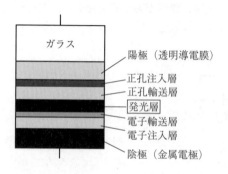

図 3.19　誘電体の構造

3.4.3 無機 EL

無機 EL には**分散型 EL** と**薄膜型 EL** の種類がある。**分散型 EL** は歴史が最も古く，1980 年代にはモノクロ液晶のバックライトとして開発された。ZnS系の粉末蛍光体を誘電体バインダ中に分散させコンデンサ状のパネルを作成し，これに交流電圧を印加して発光させる。片側の電極は透明導電膜を使用し光を取り出している。発光層の厚みは数十 μm であり，印加電圧は数百 V である。作成方法が比較的簡単であり低コストなこと，かつ大面積化が容易なことが長所である。しかし発光色が蛍光体の特性上，青・緑のみであること，輝度が低いこと，発光効率が非常に悪いことが欠点である。現在開発されているものとして，A2 サイズ（594×420 mm）で 500 cd/m^2，20 lm/W，寿命 3 000 時間のものがある。**薄膜型 EL** は，薄膜電極付き基板上に絶縁層，薄膜蛍光体からなる発光層，絶縁層をスパッタリングなどで積層させ，電極を付けた構造である。絶縁層としては Y_2O_3（厚さ約 200 nm）が使用されている。発光層はZnS系の蛍光体（ZnS：Mn^{2+}_580 nm，ZnS：TbF$_3$_545 nm，ZnS：SmF$_3$_650 nmなど）であり，厚さは約 500 nm である。最近はこのタイプの低電圧駆動化（数十ボルト）の研究もなされてきているが実用化には至っていない。

演習問題

(3.1) 一般白熱電球とハロゲン電球の違いについて述べよ。

(3.2) ハロゲンランプのハロゲンサイクルについて説明せよ。

(3.3) 蛍光ランプの効率がどのような温度特性持つか，その理由とともに述べよ。

(3.4) HID ランプが 2 重構造になっている理由を述べよ。

(3.5) メタルハライドランプの発光メカニズムについて説明せよ。

(3.6) LED の発光メカニズムについて説明せよ。

(3.7) LED が蛍光ランプや HID ランプと比較して大きく異なっている（優れている）点を二つ述べよ。

4章 照明設計の基礎

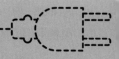
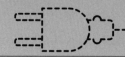

4.1 照明要件

　光の活用目的の一つに，空間を明るく照らし，諸作業を行うのに十分な環境を整えることがある．ここでは，空間を照らす光の効果と照明計画上の注意点をまとめる．

4.1.1　照明空間を構成する光

　光源から発せられた光は，受照面（光を受ける面）に直接届く場合と，受照面以外の面に入射し，反射あるいは透過して間接的に届く場合とがある．受照面に直接届く光を**直接光**（直接光による照度は**直接照度**），間接的に届く光を**間接光**（間接光による照度は**間接照度**）と呼ぶ（**図 4.1**）．受照面の照明環境は直接光だけでなく，光源から二次的に届く間接光による影響も多分に受けるため，空間内で光が照射されるあらゆる部位の反射・透過特性を考慮し，照明計画を進めなければならない．

4.1.2　照明環境の質

　照明環境の基本要件として，視覚的な不快を感じないこと，視対象物の適切な見えが確保されていることがまず挙げられる．以下に照明計画上，特に配慮すべき要件をまとめる．

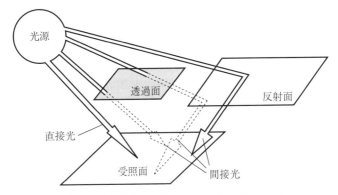

図 4.1 光源からの光が受照面に届くまでの経路

（1）視認性の確保（明視 4 要素）

視対象物の見えには，① 視対象物の大きさ（**視角**），② 視対象物を見る環境の明るさ（順応輝度），③ 視対象物と背景の**輝度対比**，④ 視対象物の視認時間の四つの要素が関係する。これらを**明視 4 要素**という。視対象物の視角は大きいほど，視対象物と背景の輝度対比は大きいほど，また，視認時間が長いほど，視対象物の視認性は向上する。視作業の細かさや内容，作業者の視覚特性などに応じて，設計照度（順応輝度）を決める必要がある。

（2）色の見えの確保（演色性）

空間用途によっては，視対象物の色を正確に知覚することも重要となる。平均演色評価数 Ra や特殊演色評価数を考慮し，設計対象空間に適用するランプを選定する。

（3）高輝度面の回避（不快グレア）

高輝度面が視野内に入ると，**グレア**（まぶしさ）が生じ，視対象物が見えづらくなったり（**視力低下グレア**あるいは**減能グレア**という），不快に感じたり（**不快グレア**）することがある。室内環境でグレアをもたらす光源としては，窓面や照明器具がある。在室者の視野にグレア源となる高輝度面が直接見えないように光源の配置計画を工夫する，あるいは，高輝度面の輝度を抑える工夫（拡散板を取り付けるなど）が必要である。

不快グレアは，グレア源の輝度，グレア源の大きさ，観測者の目の順応輝度，視線に対するグレア源の位置によって決まる．照明器具の不快グレアは，式 (4.1) に記す **UGR**（Unified Glare Rating，屋内統一グレア評価法）によって評価することが JIS 照明基準で定められており，具体的には，照明メーカから提供される照明器具ごとに作成された UGR 表あるいは計算によって求め，空間用途・作業の種類ごとに定められた UGR 制限値を超えないよう照明器具を選定，配置していく．オフィスでは，UGR が 19 を超えないようにするのが望ましいとされる（表 4.1）．

$$\mathrm{UGR} = 8\log\left(\frac{0.25}{L_b} \times \sum \frac{L^2 \omega}{P^2}\right) \tag{4.1}$$

L_b：背景（観測者の順応）輝度 $[\mathrm{cd/m^2}]$
L：観測者の目の位置から見た照明器具発光部の輝度 $[\mathrm{cd/m^2}]$
ω：観測者の目の位置から見た照明器具発光部の立体角 $[\mathrm{sr}]$
p：各照明器具の Guth のポジション・インデックス（グレア源の位置指数）
   $[-]$

表 4.1　UGR の値とグレアの程度

UGR 値	評価	グレア制限を受ける空間の一例
28	ひどすぎると感じ始める	通路，廊下
25	不快である	階段，エスカレータ，浴室，トイレ，倉庫，機械室
22	不快であると感じ始める	休憩室，食堂売店
19	気になる	事務所（執務室），会議室，集会室，講義室
16	気になると感じ始める	医療室，製図室
13	感じられる	JIS Z 9125：2007 では特に指定なし

（4）モデリング

立体的な物体を指向性の強い光源のみで照明すると，物体表面に強い陰影が生じ，立体感が適切に表現されないことがある．逆に完全拡散の光のみで照明すると，立体感が乏しく平板に見える．このような光の指向性が立体物の見えに与える効果を**モデリング**という．適切なモデリングを得るために，立体物に

対する水平方向の光と鉛直方向の光のバランスに配慮し，適当な陰影あるいは艶を照明光によって生じさせ，好ましい立体感を表現する必要がある。

4.2 照　明　方　式

　照明計画は，4.1節に記した照明要件を単に満足させるだけでなく，空間の用途・目的に応じた相応しい雰囲気となるよう配慮して行う必要がある。空間の使われ方を考慮し，適切な光源を選択するとともに，意図した空間の照らされ方，視対象物の見え方となるよう適切な照明器具に適切な光源を取り付ける必要がある。ここでは，照明器具からの光の広がり方に基づいて各種照明方式を説明する。

4.2.1　配光と全光束

　光源あるいは光源を照明器具に取り付けた際に，光源あるいは照明器具からどの方向にどれだけの強さの光が放たれるかを，光源直下からの鉛直角に対する光度の分布で表したものを**配光**という。**図4.2**に配光データの一例を示す。

　配光は，照明器具を各断面から見たときの鉛直方向の角度と光度の関係で表され，これを図にしたものが**配光曲線**として示される。配光の測定には，ゴニオフォトメータ（自動変角光度計）が使われる。電球形の光源のように，どの方向から見ても等しい配光を持つ場合は，ある一つの断面について配光が測定されるが，水平方向に非対称な配光を持つ光源（直管形のランプなど）については，光の広がり具合に応じた測定間隔がJIS規格（JIS C8105-5：2011「照明器具—第5部：配光測定方法」）により定められている。

　図4.3は各種電球形光源の配光曲線の例である。蛍光ランプは管内壁に塗布された蛍光物質から可視光線が発せられるため，ガラス管の両肩から上方へも光が放射される。白熱電球も，タングステンフィラメントからの散乱光によって，また，場合によってはガラス管表面が拡散仕上げとなっており，全方向に可視光線が放出される。一方，電球形LEDの場合は，LEDチップからの光自

4. 照明設計の基礎

光度〔cd/1 000 lm〕			
θ \ φ	A-A	B-B	C-C
0°	212	212	212
10°	207	210	212
20°	210	199	207
30°	205	182	198
40°	198	157	183
50°	184	128	164
60°	146	93	139
70°	94	57	91
80°	26	22	42
90°	4	1	3
100°	0	0	0
110°	0	0	0
120°	0	0	0
130°	0	0	0
140°	0	0	0
150°	0	0	0
160°	0	0	0
170°	0	0	0
180°	0	0	0

—— A-A 断面
------ B-B 断面
- - - - C-C 断面

図 4.2 配光データと配光曲線の例
（埋込み型照明器具，高周波点灯方式蛍光ランプ 2 灯用）

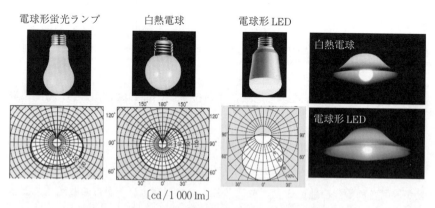

図 4.3 各種電球形光源の配光曲線と照明器具装着時の違い

体は直進性のため，LEDチップの向きやLEDチップを内包するカバーの拡散特性，形状に配慮しない限りは，指向性の強い光源になる．光源からの光の広がりの程度を表す指標に**配光角**（ビーム角）がある．配光角は，最大光度の1/2の光度になる広がりの角度で示され，電球形光源の配光角は**表4.2**のように分類される．

表4.2 電球形光源の配光角（日本電球工業会）

全般配光形	準全般配光形	広角配光形	中角配光形	狭角配光形
180°以上	90〜180°	30〜90°	15〜30°	15°未満

図4.3の右側は，全般配光形の白熱電球と準全般配光形（配光角120°）の電球形LED（配光曲線はともに図4.3中に示すもの）を同一の照明器具に取り付けた場合の照明器具からの光の広がり具合を比較したものである．照明傘が反射板・拡散板の役割をするが，配光角が180°より小さい電球形LEDを用いた場合は，上方への光放射がほぼないため，照明器具からは下方への光が主として放射され，天井面が照らされることなく室全体が陰鬱になりがちである．照明器具の形状・特性に合った光源の選択が重要である．

光源あるいは照明器具からの光束 Φ_V は，式 (4.2) で求めることができる．全光束を求める場合は，水平角，鉛直角とも $0 \sim 2\pi$ の範囲について積分すればよい．

$$\Phi_V = \int_{\theta_1}^{\theta_2} \int_{\varphi_1}^{\varphi_2} I(\theta, \varphi) \sin\theta \, d\theta \, d\varphi \quad [\mathrm{lm}] \tag{4.2}$$

Φ_V：水平角 $\varphi_1 \sim \varphi_2$，鉛直角 $\theta_1 \sim \theta_2$ の間の光束

$I(\theta, \varphi)$：水平角 φ，鉛直角 θ の光度〔cd〕

全光束は**図4.4**のような積分球を用いた測定により求めることもできる．積分球の内面は硫酸バリウムなどの高反射率で拡散反射する材料でコーティングされている．試料光源と受光器の間に設置された遮光板により光源からの直接

  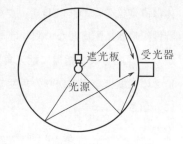

図 4.4 積 分 球

光は遮断し,積分球内で繰返し拡散反射された光を受光器で測定,全光束が明らかとなっている標準光源の測定値と比較した上で,試料光源の全光束が求められる。測定の際,光源を取り付ける治具や遮光板,また,光源自身の影によって測定誤差が生じる。積分球内に補助光源を設置して測定値を補正したり[1],遮光板をできる限り最小化したりすることで誤差を小さくする工夫がなされる。

4.2.2 照明方式と照明器具

照明方式は,①作業面に直接届く光の割合,(**表 4.3**),②照明範囲,(**表 4.4**),③照明器具の形状,(**表 4.5**)などによって分類することができる。

照明器具からの光が作業面に直接到達する割合が大きいほど,エネルギー効率は良い。逆に,照明器具からの光が作業面に直接到達する割合は少なく,作業面以外に多く到達する場合は,エネルギー効率は落ちるが,作業面以外の空間構成面で反射された拡散光によって空間全体が照明されることになり,柔らかい雰囲気となる。

タスク・アンビエント照明(Task and Ambient Lighting を略して TAL ということもある)では,作業領域周辺の空間を照らすための**アンビエント照明**の出力を低めに設定し,作業内容に応じて不足する照度はタスク照明によって局所的に確保することで,省エネルギー化を図ることができる。**図 4.5** にタスク・アンビエント照明によるオフィス執務室の例を示す[2]。**タスク照明**は,ア

ンビエント照明と別に設置する場合もあるが，アンビエント照明と一体型の器具で照明する場合もある。

ルーバ天井，**光天井**，**コーニス照明**，**コーブ照明**などの天井や壁といった建築部位と一体化した照明方式は，**建築化照明**と称される。

表 4.3　作業面に直接届く光の割合による照明方式の分類

光の到達割合	直接照明	半直接照明	全般拡散照明	半間接照明	間接照明
作業面〔%〕	90～100	60～90	40～60	10～40	0～10
非作業面〔%〕	0～10	10～40	40～60	60～90	90～100

良 ←──────── エネルギー効率 ────────→ 悪
小 ←──────── 拡散性 ────────→ 大

表 4.4　照明範囲による照明方式の分類

照明方式	定義	使用される照明器具
全般照明	室全体を均一に照らす照明方式	比較的配光角の広い照明器具
局部照明	照明対象部位に集中して照明器具を設置し，比較的小さい面積や限られた場所を照らす照明方式	比較的配光角の狭い照明器具
タスク・アンビエント照明	視作業を行うための局部照明（タスク照明）と作業領域周辺を照らすための照明（アンビエント照明）を併用する照明方式	

図 4.5　タスク・アンビエント照明によるオフィスの例
〔写真提供：左　宮地電機株式会社，中央　株式会社岡村製作所，右　イトーキ株式会社〕

4. 照明設計の基礎

表4.5 照明器具の形状による照明方式の分類〔著者撮影〕

名 称	定 義	外 観
ルーバ天井	ルーバを天井にほぼ連続した面となるように張り，その上部にランプを配置した照明方式	
光天井	透明プリズムまたは拡散透過性の透光パネルを天井にほぼ連続した面となるように張り，その上部にランプを配置した照明方式	
コーニス照明	壁に平行に遮光帯を取り付けてランプを隠し，壁面を照らす照明方式	
コーブ照明	棚またはくぼみで隠したランプによって天井面と上部の壁面とを照らす照明方式	
ダウンライト	天井に埋め込まれる小形で狭配光の埋込み形照明器具	
天井灯（シーリングライト）	天井面に直接取り付ける直付け形照明器具	
ペンダントライト	建造物の天井などからコード，くさり，パイプなどでつり下げる吊下げ形照明器具	
ブラケット	壁，柱などに取り付ける直付け形照明器具	
スポットライト	発光部の口径が小さく（0.2 m以下），ランプを装着したとき，ビームの開きがごく小さい（20°以下）投射器	
（卓上）スタンド	家具などの上に置く移動灯器具で，電源に接続するための差込プラグをもち，手で取り外して一つの場所からほかの場所へ容易に動かすことができる	
フロアスタンド	床に置く移動灯器具で，高い支柱を持つもの	

4.3 照明計算

最近では,各種シミュレーションソフトの開発,パソコンの計算速度の向上によって,設計対象空間の照度分布,輝度分布ならびに照明器具設置後の光環境の様子を比較的容易に計算,表現できるようになってきた。実務では,計算ソフトを用いることが多いが,ここでは,基本的な考え方と計算方法について学んでおこう。

4.3.1 立体角投射率

面光源から任意の点に直接届く光による照度 E_d は,受照点と面光源の位置関係ならびに面光源の輝度より式 (4.3) に基づいて算出できる。面光源が均一輝度分布の場合(均一輝度分布の天空を臨む窓面やシーリングライト,光天井など)には,式 (4.3)′ のとおりとなる。

$$\text{面光源による直接照度} E_d = \pi \sum_{i=1}^{n} L_i \times \phi_i \tag{4.3}$$

$$= \sum_{i=1}^{n} M_i \times \phi_i \quad (\text{光源が均一輝度分布の場合}) \tag{4.3}′$$

L_i:光源 i の輝度〔cd/m^2〕
M_i:均一輝度分布の光源 i の光束発散度〔lm/m^2〕
ϕ_i:受照点から見た光源 i の立体角投射率〔-〕
n:受照点に光を与える光源の数

立体角投射率とは,ある点に対する任意の面がもたらす影響の程度を表す幾何学的な量で,それらの位置関係と面の形状に基づいて求められる。**図 4.6** に示すように,受照点 P に対する面積 dS の面光源 i の立体角 ω は点 P を中心とする単位球面に面光源を投影した面積 dS',立体角投射率 ϕ はさらにこれを底面に投影した面積 dS'' から求められ,おのおの式 (4.4),(4.5) で表される。

4. 照明設計の基礎

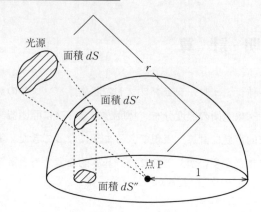

図4.6 立体角と立体角投射率の定義

点Pに対する面光源の立体角 $\omega = dS' = \dfrac{dS}{r^2}$ (4.4)

点Pに対する面光源の立体角投射率 $\phi = \dfrac{dS''}{\pi}$ (4.5)

長方形光源の立体角投射率は，受照点に対して光源が垂直な場合は式(4.6)あるいは**図4.7**（a）より，受照点に対して光源が平行な場合は式(4.7)あるいは図（b）より求めることができる。

① 受照点と光源が垂直な場合（例：机に対する側窓，鉛直を向いた目に対する天窓など）

$$\phi_V = \frac{1}{2\pi}\left(\tan^{-1}\frac{x}{z} - \frac{z}{\sqrt{z^2+y^2}}\tan^{-1}\frac{x}{\sqrt{z^2+y^2}}\right) \quad (4.6)$$

② 受照点と光源が平行な場合（例：机に対する天窓や天井の照明器具，鉛直を向いた目に対する側窓など）

$$\phi_p = \frac{1}{2\pi}\left(\frac{x}{\sqrt{z^2+x^2}}\tan^{-1}\frac{y}{\sqrt{z^2+x^2}} + \frac{y}{\sqrt{z^2+y^2}}\tan^{-1}\frac{x}{\sqrt{z^2+y^2}}\right) \quad (4.7)$$

長方形光源の立体角投射率は受照点から光源のある面に下ろした垂線の足を頂点に持つ矩形について求められる。例えば，**図4.8**に示すような場合，面光源Aについては受照点から光源に下ろした垂線の足を頂点に持つ四つの矩形（A_1, A_2, A_3, A_4）に光源を分割し，各矩形の立体角投射率をそれぞれ求めた後に

4.3 照明計算　053

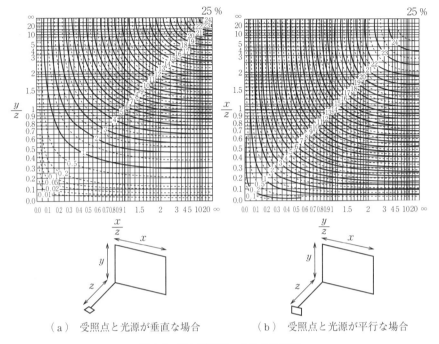

（a） 受照点と光源が垂直な場合　　　（b） 受照点と光源が平行な場合

図 4.7　長方形光源の立体角投射率

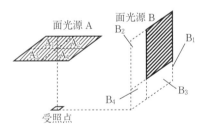

図 4.8　立体角投射率の計算方法

式 (4.8) のとおりすべてを合算し，面光源 A の立体角投射率を求めることとなる。面光源 B については，受照点から光源のある面に下ろした垂線の足を頂点に持ち，光源を内包するような矩形を仮に考え，式 (4.9) のとおり余分な矩形の立体角投射率を加減して面光源 B の立体角投射率を求めることとなる。

面光源 A の立体角投射率（**図 4.9**）

$$\phi_A = \phi_{A_1} + \phi_{A_2} + \phi_{A_3} + \phi_{A_4} \tag{4.8}$$

図 4.9

面光源 B の立体角投射率（**図 4.10**）

$$\phi_B = \phi_{B_1} - \phi_{B_2} - \phi_{B_3} + \phi_{B_4} \tag{4.9}$$

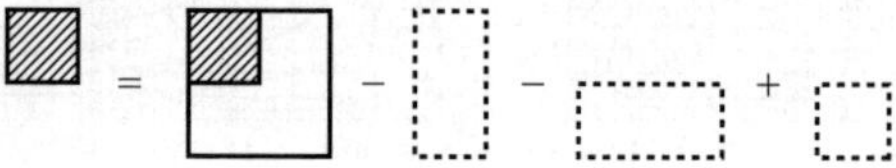

図 4.10

4.3.2 逐点法による照度計算

点光源と受照点が**図 4.11** のような位置関係にある場合，受照点の光源方向に対する法線面積を dS，受照点に入射する点光源からの光束を dF とすれば，受照点が点光源から直接受ける光放射の量は，式 (4.10)〜(4.12) のとおり求めることができる．

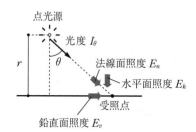

図 4.11 点光源による直接照度

$$E_n = \frac{dF}{dS} = \frac{I_\theta d\omega}{dS} = \frac{I_\theta}{dS/d\omega} = \frac{I_\theta}{\left(\dfrac{r}{\cos\theta}\right)^2} \quad [\text{lx}] \tag{4.10}$$

$$E_v = E_n \sin\theta = \frac{I_\theta \sin\theta}{\left(\dfrac{r}{\cos\theta}\right)^2} \quad [\text{lx}] \tag{4.11}$$

$$E_h = E_n \cos\theta = \frac{I_\theta \cos^3\theta}{r^2} \quad [\text{lx}] \tag{4.12}$$

式 (4.10) のように，受照点が点光源から受け取る光放射の量は，点光源と受照点の距離の二乗に反比例して減衰する。これを**距離の逆二乗則**という。

一般に，光源の直径に対して，その10倍以上の距離が離れていれば，点光源とみなしてよい。光源から受照点への光度 I_θ は，配光データから求められる。一般に配光データは，通常1 000 lm当りの光度で示されているため，光源の全光束に応じて光度を算定するよう注意する。

4.3.3 光束法による照度計算

室内各点の照度は，光源から直接届く光による直接照度と室内表面で反射された光による間接照度の合計値で求められる。室内各点にどのように光が分配されるかを正確に知るためには，複雑な室の形状，内装の反射特性，室内表面間での相互反射，照明器具の配光・配置を考慮する必要があるが，比較的単純な形状の室を全般照明方式で照明する場合には，**光束法**によって簡単に精度よく平均照度を求めることができる。

光束法は，ある空間に供給される光の総量を空間全体に均等に分配するという考え方で，式 (4.13) に基づき平均照度 E が求められる。設計目標照度に対し必要な照明器具台数 N を求める場合は，式 (4.14) による。

$$E = \frac{NFUM}{A} \tag{4.13}$$

$$N = \frac{EA}{FUM} \tag{4.14}$$

E：設計対象面の平均照度〔lx〕
N：使用するランプ数〔本〕
F：ランプ1本当りの光束〔lm〕
U：照明率〔-〕
M：保守率（光源の劣化，汚れ具合による補正係数）〔-〕
A：照明が照らす設計対象面の面積〔m^2〕

4. 照明設計の基礎

照明率 U は，照明器具の配光や対象空間の内装反射率の組合せ，室の形状によって決まる係数で，**表 4.6** に示すような照明率表の形で照明器具と適用する光源の組合せに応じてメーカから提供される。ここで，**室指数** K は対象空間の寸法から式 (4.15) で求められる。

$$K = \frac{XY}{H(X+Y)} \quad (4.15)$$

X：室の横幅

Y：室の奥行き

H：設計対象面（机など）と照明器具の間の距離

表 4.6 照明率表の一例（埋込下面開放形 2 灯用器具）

	反射率 (%)	天井	70				50				30			
4 950 lm×2 灯		壁	70		50		30		50		30		30	
		床	30	10	30	10	30	10	30	10	30	10	30	10
	室指数		照明率 U (×0.01)											
最大取付間隔 A-A 1.5 H B-B 1.3 H 保守率 M 良 0.73 普通 0.69 悪 0.61	0.6		43	40	33	31	26	26	31	30	26	25	25	25
	0.8		51	47	41	39	35	33	40	38	34	33	33	32
	1.0		57	51	47	44	40	38	45	42	39	38	38	37
	1.25		62	56	53	49	46	44	51	48	45	43	43	42
	1.5		66	59	57	53	51	48	55	51	49	47	47	49
	2.0		72	64	65	59	59	54	61	57	56	54	54	56
	3.0		78	69	72	65	68	61	68	63	64	60	61	60
	4.0		82	71	77	68	72	65	72	66	69	64	66	63
	5.0		84	73	80	70	75	68	75	68	72	66	68	65
	10.0		88	76	86	74	80	73	80	73	79	72	74	70

式 (4.15) 中の高さ H は，天井高ではなく，照明器具の発光面と設計対象面の間の距離であることに注意する。

保守率 M は，光源・照明器具の経年劣化，汚れ等による照度低下を見込んであらかじめ余分に照明器具を配置しておくための係数で，照明器具の形状や清掃頻度によって決まる。その値は，照明率表とともにメーカから提供される。

最も基礎的な照明計画では，対象空間の用途，視作業の内容に応じて設計目標照度を定め，式 (4.14) に基づき必要な照明器具台数を求め，設計対象面が均一な照度分布となるよう，照明器具を最大取付間隔以下で均等に配置する。最大取付間隔は，**照明率表**に併記されている。

4.3.4 照度基準と保守計画

通常の照明計画では，式 (4.13) に示したように，照明器具の汚れや光源・照明器具の経年劣化による照度低下を保守率によりあらかじめ見込んで，運用期間中，必要照度を下回らないように多めに器具を配置，高めに照度を設定しておく。保守率の値は照明率表とともに照明器具メーカから提供されるが，式 (4.16) のとおり算定できる。

$$保守率\ M = 光源の設計光束維持率\ M_l \times 照明器具の設計光束維持率\ M_d \tag{4.16}$$

光源の設計光束維持率 M_l は，点灯時間の経過に伴う光束減衰を補償する係数で，式 (4.17) のとおり求められる。各種光源の交換時間と設計光束維持率の関係は，**図 4.12** のとおりである。LED については寿命試験の結果による値を適用し，寿命試験を実施していないものは $M_l = 0.7$ と仮定する。

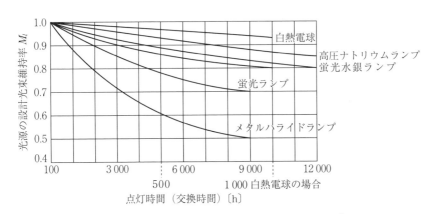

図 4.12 点灯時間と各種光源の設計光束維持率の関係[3)]

$$光源の設定光束維持率\ M_l = \frac{交換直前の光束}{100時間点灯時の光束} \quad (4.17)$$

照明器具の設計光束維持率 M_d は，光源・照明器具の汚れ，器具の経年劣化による光束低下を補償する係数で，式 (4.18) のとおり求められる。照明器具を適用する環境の塵埃・煙・すす等の程度と照明器具の種類に応じて，**表4.7**，**表4.8** のとおり分類される。各分類の照明器具の設計光束維持率は経年により**図4.13**のように低下していく[3]。照明器具の汚れによる照度低下によっ

表4.7 光源・器具分離型の照明器具の設計光束維持率[3]

照明器具の種類　周囲環境	露出形		下面開放形		簡易密閉形（下面カバー付）		完全密閉形	
	屋内	屋外	屋内	屋外	屋内	屋外	屋内	屋外
	電球形LEDランプ	直管形LEDランプ			電球形LEDランプ	直管形LEDランプ		
良い	A (0.98)		B (0.95)		C (0.90)		A (0.98)	
普通	B (0.95)		C (0.90)		D (0.85)		B (0.95)	
悪い	C (0.90)		E (0.80)		E (0.80)		C (0.90)	

表4.8 LED照明器具の設計光束維持率[3]

照明器具の種類　周囲環境	露出形	下面開放形（下面粗いルーバ）	簡易密閉形（下面ルーバ付，下面カバー付）	完全密閉形（パッキン付）
良い	A	B	C	A
普通	B	C	D	B
悪い	C	E	E	C

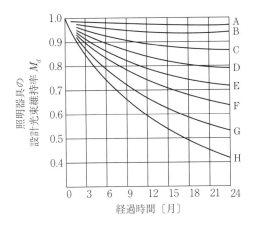

図4.13 照明器具の設計光束維持率の経年劣化[3]

て損失する費用（電力はもちろん，作業効率低下による経済損失も含め）が1回の清掃にかかる費用を上回ることのないよう，適正な清掃期間を定める必要がある。

$$照明器具の設計光束維持率\ M_d = \frac{清掃直前の光束}{100\ 時間点灯時の光束} \quad (4.18)$$

作業空間では視対象物が難なく見えるよう，かつ視作業が快適に行えるよう，照明計画を行わなければならない。作業内容の細かさに応じた視作業面の照度推奨値は，JIS Z 9110：2010『照明基準総則』（以下，JIS 照明基準と記す）や労働安全衛生規則などで表4.9のように定められている。JIS 照明基準では，

表4.9 視作業の細かさに応じた照度基準

JIS Z 9110：2010『照明基準総則』		『労働安全衛生規則』第604条	
基準面の維持照度〔lx〕		作業の区分	基準
超精密な視作業	2 000	精密な作業	300 lx 以上
非常に精密な視作業	1 500		
精密な視作業	1 000		
やや精密な視作業	750		
普通の視作業	500	普通の作業	150 lx 以上
やや粗い視作業	300	粗な作業	70 lx 以上
粗い視作業，継続的に作業する部屋（最低）	200		
作業のために連続的に使用しない所	150		
ごく粗い視作業，短い訪問，倉庫	100		

作業領域の基準面（机上視作業の場合は一般的に床上 0.8 m）における維持照度（照明設備の経年および状態に関わらず維持すべき照度）を推奨値として定めており，**表 4.10** に示す照度範囲の中央値が維持照度として示されている。

表 4.10 照度段階と照度範囲

推奨照度〔lx〕	照度範囲
200	150 ～ 300
300	200 ～ 500
500	300 ～ 750
750	500 ～ 1 000
1 000	750 ～ 1 500

周辺環境の状況（視作業対象の大きさや視対象物と背景の輝度コントラスト，あるいは作業時間の長さや作業者の視機能など）に応じて，設計照度の照度段階は少なくとも 1 段階上下させてもよいとされている。例えば，維持照度 750 lx が推奨されている場合は，空間の状況や設計の如何によっては ±1 段階を含む推奨照度 500 ～ 1 000 lx の範囲で照明計画を考えることとなる。省エネルギーのためには，低めの照度設定であっても十分な照明環境の質が担保されるような照明計画が設計者に期待される。

演習問題

(4.1) 照明要件，照明計画に関する以下の記述について，正しいものには○，誤っているものについては正しい記述に書き改めなさい。

① 視対象物の面積が大きいほど，視距離に関わらず視認性は高まる。

② 視対象物ができる限り立体的に見えるようにするためには，視対象物の真上からのみ指向性の強い光で照明すればよい。

③ 執務室の照明計画の際，UGR 値が 18 となるように照明器具の選定，配置を行った。

④ 照明器具からの光が机上面で反射してまぶしかったので，机上面に直接光が当たらないよう照明器具表面にカバーを設置した。

⑤ 原色の赤色の見えが重視される空間において，平均演色評価数が高い光源を採用した。

(4.2) 立体角が 0.01 sr の光源を直視した場合（ポジションインデックス $P = 1$）の UGR 値を 19 以下とするためには，光源の輝度をいくつ以下に抑える必要があるか。ただし，観測者の目の順応輝度は 100 cd/m^2 とする。

(4.3) 照明方式に関する以下の記述について，正しいものには〇，誤っているものについては正しい記述に書き改めなさい。

① 全般照明を行うにあたって，狭角配光形の電球形 LED 採用した。

② 空間全体を柔らかい雰囲気に仕上げるため間接照明とした。

③ 照明器具から上方向と下方向に届く光の割合がほぼ等しい照明方式を半間接照明という。

④ 省エネルギー化を図るために，空間全体は直付け型照明器具で低めの照度に設定し，作業領域は卓上スタンドで作業領域周辺よりも高めの照度設定にした。

⑤ 図 4.14 のような配光をそれぞれ持つ光源 A と光源 B を比べた場合，光源 A で照明した方が空間全体が均一な明るさとなる。

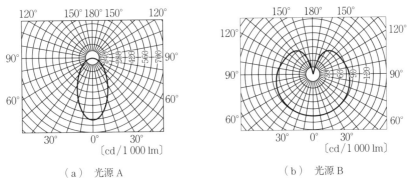

(a) 光源 A (b) 光源 B

図 4.14

(4.4) 鉛直方向を向いた点 P に対する光源 A，光源 B の立体角投射率をそれぞれ求めよ（図 4.15）。

(4.5) 光源 S による点 A の水平面照度，鉛直面照度を求めよ（図 4.16）。ただし，天井や壁など，周囲からの反射光の影響はないものとする。光源 S の配光曲線は図 4.17 のとおりである。

(4.6) 光源 S は直下方向に光度 1 000 cd，直下方向とのなす角 θ（鉛直角）を用いて，$I(\theta) = I_0 \times \cos\theta$ で表される配光特性を持つ光源である。光源 S と図 4.18 に示す位置関係にある点 P に対する光源 S の光度ならびに点 P

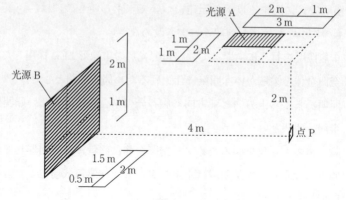

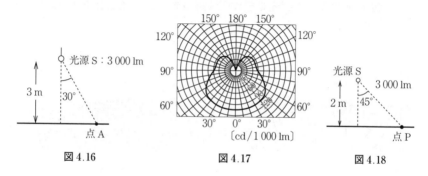

図 4.15

図 4.16　　　　図 4.17　　　　図 4.18

の水平面照度を求めよ。ただし，天井や壁など，周囲からの反射光の影響はないものとする。

(4.7) **図 4.19** に示す室の机上面高さ（床上 0.8 m）の平均照度を求めよ。照明器具の照明率表は，表 4.6 に示すものを用いることとする。

(4.8) 問題 (4.7) と同室にて，机上面高さの平均照度 750 lx を確保するために必要な照明器具の台数を求めなさい。また，室全体が均一な照度分布となるよう照明器具を割り付けなさい。ただし，照明器具の大きさは 320 mm（A-A 方向）×2 073 mm（B-B 方向）とする。

(4.9) 幅 10.0 m×奥行 8.0 m×天井高 2.8 m の事務室にて，作業面の平均照度を 750 lx に設定したい。以下の各問いに答えよ。

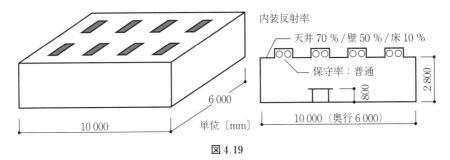

図 4.19

① 作業面平均照度 750 lx を維持するのに必要な作業面への入射光束を求めよ。

② 40 W 型蛍光ランプ 2 灯用器具 16 台（1 灯当りの消費電力は 41 W，3 200 lm）によって，作業面平均照度 750 lx がちょうど維持できる場合，この照明器具の照明率の値はいくつか。ただし，保守率は 0.75 とせよ。

③ 節電を目的に，1 灯当りの消費電力 28 W，光束 2 800 lm の LED ランプに交換し，設定照度を 100 lx 下げることにした。LED ランプを用いた場合の照明率は，照明器具内での光損失が減少するため，蛍光ランプを用いた場合よりも 5 % 改善される。照明器具は何台間引くことができるか。また，消費電力は何%削減できるか。ただし，LED ランプを用いた場合の保守率は蛍光ランプの場合と同じとする。また，ここでは，空間全体の照度むらについては考えず，平均 500 lx を下回ってはならないものとする。

引用・参考文献

1) IESNA 規格 LM-79-2008：Electrical and Photometric Measurements of Solid-State Lighting Products
2) 照明学会 JIER-116：タスク・アンビエント照明（TAL）普及促進委員会　報告書，照明学会（2012）
3) 照明学会技術指針　照明設計の保守率と保守計画　第 3 版— LED 対応増補版—，JIEG-001，照明学会（2013）

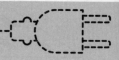

第2編 電熱への応用

5章 熱工学の基礎

5.1 熱工学に関する特性とその単位

5.1.1 物体の熱的な基本特性

　熱とは，温度とは何か。物体の温度とは，その物体を構成している分子や結晶格子の規則的なつながりが，全体の重心を保ったまま，微小な振幅で振動するときの，その振動の激しさである。振動が激しいほど温度が高くなる。これが熱振動であり，物体を構成している結晶の格子振動や，分子の分子振動の固有振動数での振動が基本になっている。そして温度が上昇するにつれて物体は，固体から液体へ，そして気体へと形態を変える。物体の形態が変化しないとき（例えば固体のとき）熱が与えられると温度が上昇する。この温度上昇に寄与する熱を**顕熱**と呼ぶ。一方，物体の形態が変化するとき（例えば氷から水へ）熱が与えられても物体の温度は変化しない。その理由は熱エネルギーが形態変化に用いられるためである。このような温度上昇に寄与しない熱を**潜熱**と呼ぶ。潜熱はその場面に応じて融解熱や気化熱と呼ばれる。

　さて顕熱について考える。物体にはそれぞれに固有の温まりやすさがあり，それをこの物体の**比熱** c という。比熱は物体の単位質量〔kg〕を1K高めるのに要する熱量であり，単位は〔J/(kg·K)〕である。また，m〔kg〕の物体の温度を1K高めるのに要する熱量は mc〔J〕であり，これを**熱容量**という。なお，熱容量自体の単位は〔J/K〕である。

　上記ではSI単位系に従って記述したが，熱工学では熱量にカロリー〔cal〕

を使うことも多いので，以下の換算式・**表5.1**を知っておくと便利である。

$$1\,\text{J} = 0.238\,9\,\text{cal} \quad (1\,\text{cal} = 4.186\,\text{J}) \tag{5.1}$$

$$1\,\text{J} = 1\,\text{W}\cdot\text{s}, \quad 1\,\text{kWh} = 860.0\,\text{kcal} \tag{5.2}$$

表5.1　熱工学で用いる単位

	定　義	単　位
エネルギー	仕事（量）/（発）熱量	J（ジュール），cal（カロリー）
パワー	単位時間内に与えられるエネルギー量，仕事率（工率，動力），電力	W（ワット），kcal/h
比熱	単位質量〔kg〕を1℃（またはK）上昇させるのに要する熱量	J/(kg·K)，kcal/(kg·℃)
熱容量	質量m〔kg〕を1℃（またはK）上昇させるのに要する熱量	J/K，kcal/℃

5.1.2　電気エネルギーと熱エネルギー，ならびにその単位

　電気エネルギーは直接家庭に送られ，照明などの光エネルギー，冷暖房・調理器具などの熱エネルギー，掃除機・扇風機などの力学的エネルギーなどに変換される。電気エネルギーは，比較的簡単にさまざまな別のエネルギーに容易に変換できることが大きな特長である。

　電力の最大の利用形態は熱エネルギーである。産業用の電気炉の多くは，電気エネルギーを熱エネルギーに変換して溶融，焼成，熱変性などに利用している。また，電気分解などの電気化学の分野でも利用されており，アルミニウムの電解槽はその代表的なものである。

　電気エネルギーから熱エネルギーへの転換の代表的な形態は，電熱線に電流を流したときの発熱である。一般に，電熱線は導線よりも高い電気抵抗を持つ。電熱線に電圧を掛けて電流を流す場合，電圧をV〔V〕，電流をI〔A〕，電熱線全体の**電気抵抗**をR〔Ω〕とすると，そこで熱に変換される電力W〔W〕は電圧と電流の積で表される。**オームの法則**から，$V = IR$であるから

$$W = VI = I^2 R = \frac{V^2}{R} \tag{5.3}$$

である。この式は電流源により加熱する場合は抵抗が高いほど発熱に利用され

る電力が大きく，電圧源により加熱する場合は抵抗が低いほど発熱に利用される電力が大きいことを示している。

電力 W を時間 t〔s〕与え続けたときの電力消費量，あるいは発熱量 Q〔J〕は

$$Q = Wt \tag{5.4}$$

である。こうして発生する熱を**ジュール（Joule）熱**といい，電気加熱の最も基本的な仕組みである。式 (5.4) は，同じエネルギー量を系に投入する場合，高い電力を短時間に集中させてもよいし，低い電力を長い時間をかけて与えてもよいことを示している。

kWh は家庭の電力使用量の単位としてなじみが深いが，投入電力量，すなわち，投入エネルギー量の単位でもある。電熱工学において，投入電力から熱流あるいは時間当りの熱量を知るには，式 (5.2) が重要である。消費されるエネルギー単位としても kWh を用いるのが普通であるが，熱工学的には，熱量の単位として kcal を用いるのが便利な場合がある。単位時間当りの投入電気エネルギーであるパワー・電力の単位は W・kW・MW（メガワット，10^6 W あるいは 10^3 kW）であるが，単位時間当りの熱移動量すなわち熱流としては kcal/h となる。電熱工学では，熱流は熱の流入あるいは流出部分の面積当りの量で考える場合があり，そのときは kcal/(h・m^2) が単位として用いられる。

5.2 さまざまな熱伝達方式

熱伝達の種類には，原則的に以下の三つがある。すなわち，**熱伝導**による伝達，**対流**による伝達，**放射**による伝達である（**図 5.1** 参照）。さらに，これらのいずれかとは決め難い加熱方法もある。そして，熱の流れ，すなわち単位時間当りの熱エネルギー量の移動を**熱流束**といい，その単位は W あるいは kcal/h で，パワーの一形態である。

5.2 さまざまな熱伝達方式

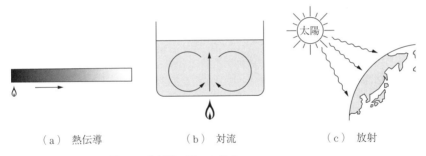

（a）熱伝導　　　　　（b）対流　　　　　（c）放射

図5.1　熱伝達の三つの方式
〔出典：日本電熱協会　遠赤外加熱（1990）〕

5.2.1 熱伝導とその方程式

熱伝導は原子，分子の振動が伝わっていく事象であり，固体の熱伝達は主としてこのタイプである。高温部から低温部へは，振動の激しさが振動のエネルギーとして伝わっている。熱というなにか実体の量があって，それが移動しているわけではないが，実感としては熱が移動あるいは伝達しているように感じるので，これを工学的に扱う場合には，熱伝達の一つ，熱伝導という。

（1）定常状態の場合

実際の物体では，熱の流れは3次元的であるが，簡単化のために，一方向（1次元）の流れを考える。一方の端部が高温（温度 T_H），他方の端部が低温（温度 T_L）の細長い棒状の物体の場合，高温側から低温側への単位時間当りの熱エネルギーの流れ（熱流束）q〔W〕は，定常状態では，次式で示される。

$$q = \frac{\lambda \cdot S}{L}(T_H - T_L) \tag{5.5}$$

ここで S は棒の断面積〔m²〕，L は棒の長さ，すなわち熱の伝導距離〔m〕である。この式の比例定数 λ は**熱伝導度**あるいは**熱伝導率**といい，その棒の熱の伝えやすさを表す。単位は〔W/(m·K)〕である。熱伝導度の逆数を**熱抵抗率**という。これらはその棒を構成している物質固有の物性値であり，その物質を構成するそれぞれの原子の種類やその結合の強さなどで決まる因子である。

式 (5.5) において $(\lambda \cdot S)/L$ の逆数を R_H とおくと，次式のように書ける。

5. 熱工学の基礎

$$q = \frac{T_H - T_L}{R_H} \tag{5.6}$$

ここで

$$R_H = \frac{L}{\lambda \cdot S} \tag{5.7}$$

を**熱抵抗**と呼び，単位は〔K/W〕である．この式から分かるように，熱伝導度が高い物体は熱抵抗が低い．一般に，金属は熱伝導度が高いが，その種類あるいは成分により異なり，身近な金属の中では銅が高い熱伝導度を持つ．

なお式 (5.5) を変形すると

$$\frac{q}{S} = \lambda \frac{T_H - T_L}{L} \tag{5.8}$$

となる．この式は，着目個所の単位面積に伝わる熱流束が，その場所の温度勾配 $(T_H - T_L)/L$ に比例し，その比例定数が熱伝導度であるということを示す．

（2） 非定常状態の場合

非定常状態の場合，棒の各部分の温度は時刻につれて変化し，したがって熱流束も変化する．棒の長さ方向に x 座標を取る．x 方向の微小長さ Δx に着目し，その両端での温度差が ΔT であったとすると，(5.8) 式の温度勾配の部分が $\Delta T/\Delta x$ で表せることより

$$\frac{q}{S} = \lambda \frac{\Delta T}{\Delta x} \tag{5.9}$$

と書ける．Δx を極限まで小さく採ったとすると，右辺の $\Delta T/\Delta x$ を微分記号 dT/dx で置き換えることができる．これは温度 T が x 方向に変化している場合の熱流を一般的に表す式である．

$$\frac{q}{S} = \lambda \frac{dT}{dx} \tag{5.10}$$

ここで SI 単位系と MKH 単位系（よく利用される工学系単位，m, kg, hour）との間の換算では，温度差は K でも ℃ でも同じであり，距離や面積の単位は同じ，時間の単位は h と s との換算をすればよい．残る W と kcal の換算は式 (5.2) を用いればよい．

もともと T は，定常状態において長さ方向の位置 x のみによる直線的な変

化をしているが，非定常の場合は q も T も位置 x と時間 t の関数である。

ここで，一次元の場合について，非定常状態での熱伝導方程式が，どのように導かれるかを示しておく。単位面積で長さ dx を考える。その両端，すなわち $x=x$ と $x=x+dx$ との熱流束 $\lambda(dT/dx)$ の差は次式で示される。

$$\lambda\left(\left.\frac{dT}{dx}\right|_{x=x+dx} - \left.\frac{dT}{dx}\right|_{x=x}\right) = \lambda\frac{d}{dx}\left(\frac{dT}{dx}\right)dx = \lambda\frac{d^2 T}{dx^2}dx \tag{5.11}$$

この計算には，以下に示す微分を用いた近似の公式を用いている。

$$f(x+dx) = f(x) + \frac{df(x)}{dx}dx$$

長さ dx，断面積 S の微小部分（体積 Sdx，したがって質量は ρSdx となる）の両端から流入，流出する熱流束の差は，この微小体積部分の単位時間当りの温度上昇をもたらす。dt 時間に dT だけ温度上昇をもたらすとすると，比熱 c を用いて，次式が成り立つ。この式の左辺はその物体の温度上昇に用いられた熱エネルギーであり，右辺はその物体に dt 秒間に蓄えられた熱エネルギーを示している。

$$(c\rho Sdx)dT = \left\{\lambda\left(\frac{d^2 T}{dx^2}\right)dx\right\}Sdt$$

両辺を $Sdxdt$ で割って整理すると

$$c\rho(dT/dt) = \lambda\left(\frac{d^2 T}{dx^2}\right)$$

となる。このように温度 T は時間 t と位置 x の関数である。このような場合，微分方程式は正しくは偏微分記号を用いた偏微分方程式で次式のように表される。

$$c\rho\frac{\partial T}{\partial t} = \lambda\left(\frac{\partial^2 T}{\partial x^2}\right) \tag{5.12}$$

ここで，$\lambda/(c\rho) = \kappa$ とおくと，これは**熱拡散率**で単位は $[\mathrm{m^2/s}]$ であり，この式は，つぎのようにも書ける。

$$\frac{\partial T}{\partial t} = \kappa\left(\frac{\partial^2 T}{\partial x^2}\right) \tag{5.13}$$

温度 T が時間変化しない場合は定常状態であるが，当然ながらこの場合式(5.13)の左辺は0となる。したがって定常状態の一次元熱伝導方程式は

$$\frac{d^2 T}{dx^2} = 0 \tag{5.14}$$

となり，その解は，$T = ax + b$ (a, b は未定の定数) の形をしており，x 方向の温度分布は，片方の端部温度が高く，他方が低く，その間で直線的に分布していることがわかる。

距離 L を隔てた両端の温度が T_H, T_L ($x = 0$ で $T = T_L$, $x = L$ で $T = T_H$) という条件下で解くと，x 方向の温度分布 $T(x)$ は次式となる。

$$T(x) = (T_H - T_L)\frac{x}{L} + T_L$$

なお，単位面積当りの熱流束 q_0 は，その地点における温度勾配に熱伝導度 λ を乗じたもので，次式で示される。

$$q_0 = \frac{q}{S} = \lambda \frac{dT}{dx} \tag{5.15}$$

この T に上の温度分布式を代入すると式 (5.16) が得られる。

$$q_0 = \frac{q}{S} = \frac{\lambda (T_H - T_L)}{L} \tag{5.16}$$

以上，一次元の場合について述べたが，実際の物体は二次元的，三次元的な大きさを有している。このような場合，式 (5.13) は以下の形で表される。

$$\text{二次元の場合}: \frac{\partial T}{\partial t} = \kappa \left(\frac{\partial^2 T}{\partial x^2} + \frac{\partial^2 T}{\partial y^2} \right) \tag{5.17}$$

$$\text{三次元の場合}: \frac{\partial T}{\partial t} = \kappa \left(\frac{\partial^2 T}{\partial x^2} + \frac{\partial^2 T}{\partial y^2} + \frac{\partial^2 T}{\partial z^2} \right) \tag{5.18}$$

5.2.2 対　流

対流とは，液体や気体（いわゆる流体）が熱せられ，流体中に温度差が生じた場合，流体がその温度差を無くそうとして移動し，温度の均一化を図ろうとする自然の現象をいう。例えば，風呂の水を底部から加温すると，その部分の

体積が熱膨張するため軽くなる.軽くなった部分は最上部に移動する.逆に最上部の水は相対的に重くなるため,下部に移動して対流現象が生じる.このように流体中の高温部分と低温部分との位置交換に伴う熱交換により,温度が均一化され,実質的に高温部から低温部への熱伝達が達成される.このような熱伝達の方式を対流熱伝達という.このとき移動する実体は「熱」ではなく流体である.流体自体の移動に伴い,それ自体が有していた顕熱の移動と平準化が熱伝達の原因である.

　実際に広く利用されている対流熱伝達方式のプロセスでは,例えば高温の熱風の流れの中に加熱しようとする物体を置くなどの方法が一般的である.この場合,熱風から物体に伝達される熱流束はつぎの式で表される.

$$q = h(T_A - T_S)S \tag{5.19}$$

ここで,T_A は熱風の温度,T_S は物体の表面温度,S は物体に熱風が当たる部分の面積である.各因子の単位は,熱伝導の場合に準じている.この式は,物体の単位面積に熱風から伝わる熱流束は,熱風温度と物体の表面温度との差に比例することを示す.その比例定数 h を**熱伝達係数**〔$W/(m^2 \cdot K)$〕という.この係数は熱風の風速や,乱流か層流かなどの流れ方,物体表面の形状,状態,配置等によって大きく異なる.また熱流束を与える式も,式 (5.19) のように単なる温度差に比例すると表している以外にも,さまざまな複雑な条件に応じて,いろいろな経験式などが提案されており,熱工学関係の便覧などに記されている.なお,この係数の MKH 単位への換算は,$1\,W/(m^2 \cdot K) = 0.860\,kcal/(m^2 \cdot ℃ \cdot h)$ であり,1 割強の誤差で,両者は同じくらいの値になることを覚えておくと便利である.

5.2.3 放　射

　熱伝導と対流はどちらも高温の固体あるいは流体の熱源に触れた表面における熱伝達である.これらの現象を表す式はどちらも,「表面から対象物体に流れる熱エネルギー(熱流束)は高温熱源の温度と物体表面温度との差に比例している」という式になる.すなわち,熱源との接触による熱伝達の式は

熱流束∝(熱源温度 − 物体表面温度)×(物体表面積)　　　　(5.20)

となり，その比例定数は，対流熱伝達の場合は，式 (5.19) に示すように熱伝達係数 h である．熱源への接触熱伝導の場合は，h のような因子を用いて論じることはほとんどないが，形式的にはこの接触界面層の熱抵抗の逆数に比例した因子であり，(界面層の熱伝導度)/(界面層の厚み) の次元を持つ．

これらに対し放射は，高温物体からそれを見ることのできる場所に置いた物体への，高温物体（通常は赤外ヒータ）からの熱伝達である．ここでは高温熱源と加熱しようとしている物体とは，ある距離を隔てたがいに向き合った形を取っている．ここで高温側から低温側へと空間を伝わっているのは，**赤外放射**などの**電磁波**であって，熱を持った実体が移動しているわけではない．太陽から地球まで，ほぼ真空状態の宇宙空間を伝わってくるのは，表面温度がほぼ 6 000 K の太陽から放出されている，紫外放射，可視放射，および赤外放射である．冬の日向ぼっこを想定するとわかるが，冷たい北風が吹いていても，その赤外放射エネルギーはそのまま人の肌に到達し，そこで吸収された時点で熱エネルギーに変わり，暖かさを与える．

赤外ヒータなどの高温熱源の表面温度を T_H，放射を受ける物体の表面温度を T_S とすると，この両者間で伝達される熱流束の全体は次式となる．

$$q_{rad} = \varepsilon \sigma (T_H^4 - T_S^4) S \tag{5.21}$$

ここで，高温，低温側の両物体は同一面積 S で，たがいに平行な平板で構成されていると仮定している．

放射の場合，**放射率**という因子が関与する点が特徴的である．ε は高温物体の放射率 ε_H と低温物体の放射率 ε_L とから算出される値で，統括的な放射率である．ε_H と ε_L がともに 1 に比較的近い場合は，ε はこの両者の積で近似することがある．高温側，低温側の両物体が異なる面積を持ち，それらの位置関係もたがいに平行ではなく，傾いているような場合，式 (5.21) の S に相当する因子として**形態係数** F を用いる．ε_H と ε_L の大きさが異なっている場合など式 (5.21) の εS の算出は面倒であるが，代表的な場合については熱工学的な便覧類に記載されている．式 (5.21) を**シュテファン・ボルツマン**（**Stefan-**

Boltzmann) の法則という。(1.1.1項参照)。

熱源との接触による伝熱方式では，式 (5.14) が示すように，熱源の温度と物体の表面温度との温度差に比例した熱流束が得られるのに対し，非接触（放射による伝熱）方式では熱流束は，式 (5.21) が示すように，高温側，低温側それぞれの絶対温度の4乗の差に比例する。このため熱源温度を高めると，熱流束は接触伝熱の場合に比べ，大幅に増加する。

5.3 熱伝導の式の電気回路との等価性

5.3.1 定常状態の場合

一次元の定常状態の熱伝導方程式は，熱抵抗 $R_H = L/(\lambda S)$ を用いて記すと，5.2.1 項の式 (5.6) となる。

$$q = \frac{T_H - T_L}{R_H} \tag{5.6 再掲}$$

ここで図 5.2 のように，熱伝導度と長さの異なる物体をいくつか密に接触させた（接触面積 S は等しいとする）一次元の場合（定常状態）を考えてみる。

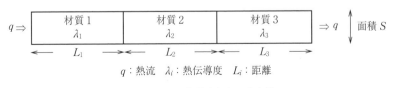

q：熱流　　λ_i：熱伝導度　　L_i：距離

図 5.2　三つの物体を伝わる熱伝導

単位面積当りの熱流束 q は，両端の温度を高温側 T_I，低温側 T_E としたとき，その温度差を各部の熱抵抗値の和で割ったものに等しくなり，次式で示される。

$$q = \frac{T_I - T_E}{R_1 + R_2 + R_3}$$

なお，各部の熱抵抗値は，それぞれ以下である。

$$R_1 = \frac{L_1}{\lambda_1 S}, \quad R_2 = \frac{L_2}{\lambda_2 S}, \quad R_3 = \frac{L_3}{\lambda_3 S}$$

これに対し，図5.3に示すような，それぞれが r_1, r_2, r_3 の抵抗の直列回路を想定し，その両端に $V_I - V_E$ の電位差を印加したとき，この回路に流れる電流 I は次式で示される．

$$I = \frac{V_I - V_E}{r_1 + r_2 + r_3}$$

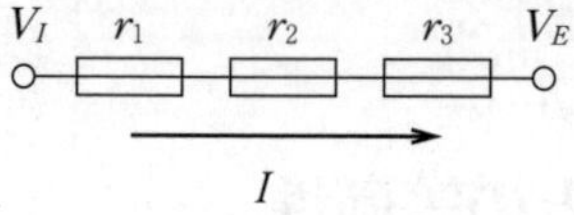

図5.3 三つの抵抗を流れる電流

両端や境界の温度（や温度差）を相当する個所の電圧に，各部の熱抵抗値を該当部分の電気抵抗値に置き換えれば，熱流が電流に相当することがわかる．したがって，熱伝導の系を電気回路の系でシミュレーションできる．

実際には，回路の両端の電圧差や各部の抵抗値は，問題の熱の系における温度や熱抵抗に比例するように設定し，任意の境界部分の電圧や電流を実際に測定すれば，系の温度分布や熱流束が，比例計算で求められる．

この考えは二次元の定常状態熱伝導問題にも拡張できる．熱抵抗値が二次元

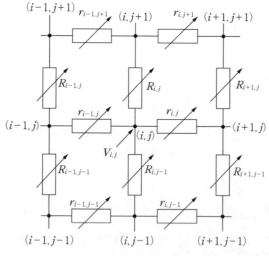

$R_{i,j}$, $r_{i,j}$ 等は可変抵抗器で構成する．
$V_{i,j}$, $V_{i+1,j}$ 等は各格子点の電位境界条件として，境界に該当する (i,j) 点のおのおのの電位 $V_{i,j}$ の値を設定して，各交点の電位測定値から，温度分布を知ることができる．

図5.4 二次元抵抗回路網

的に分布する系の定常状態の温度分布などを解くとき，可変抵抗を網目に組んだ格子状の電気回路（図 5.4）を作り，各部の電気抵抗値を該当する熱抵抗値に合わせて設定し，所定の網目点の間に，与えられた温度差に相当する電圧を掛けることにより，各編目点の電圧の測定値からその部分の温度が換算できる。

5.3.2 非定常状態の場合：CR 並列回路

非定常状態を考える場合，熱伝導だけでなく熱容量という概念を理解する必要がある。ある質量 m の電気炉（周囲との熱抵抗 R_H〔℃/W〕，熱容量 mc〔J/℃〕）に一定電力 P〔W〕を t〔s〕与えた場合を考える。その電力により炉は T〔℃〕上昇し，そして周囲に放熱を始める。温度上昇に使われる電力を P_h〔W〕，放熱に費やされる電力を P_d〔W〕とすると次式が成り立つ。

$$P = P_h + P_d \tag{5.22}$$

この炉の温度上昇に使用されたエネルギー Q_h〔J〕は，P_h〔W〕をそれが加えられた時間積分して次式となる。

$$Q_h = \int_0^t P_h dt \tag{5.23}$$

一方，この炉の熱容量が mc であることより，温度上昇に使われたエネルギーは次式でも表される。

$$Q_h = mcT \tag{5.24}$$

式 (5.23) および式 (5.24) より次式が求められる。

$$P_h = mc \frac{dT}{dt} \tag{5.25}$$

放熱に関しては，周囲との熱抵抗 R_H〔℃/W〕より次式が求められる。

$$P_d = \frac{T}{R_H} \tag{5.26}$$

式 (5.25) および式 (5.26) を式 (5.22) に代入することで次式が求められる。

$$mc \frac{dT}{dt} + \frac{T}{R_H} = P \tag{5.27}$$

これを求めると次式となる。

$$T = R_H P\left\{1 - \exp\left(-\frac{t}{mcR_H}\right)\right\} \tag{5.28}$$

これを等価回路で表したものが**図 5.5**である。この図からもわかるように，非定常状態においては，熱容量がコンデンサ容量，熱抵抗が電気抵抗，熱流（この例では電力）が電流，温度が電圧に相当することがわかる。このように熱伝達の方程式は集中定数系電気回路によってシミュレーションできる場合が少なくない。

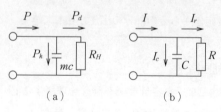

図 5.5 非定常状態の等価回路

演習問題

(5.1) 1 個 200 g のさつま芋を焼き芋にするときの必要熱量を計算する。20 ℃から 100 ℃まで昇温させるとし，さつま芋全体の（水分を含めた）平均的な比熱を 0.75 kcal/(kg·℃) とする。焼き芋になった時点で重量の 20 % が蒸発で失われたとした場合，顕熱と潜熱とに分けて計算し，比較せよ。なお，水の蒸発熱は 100 ℃で 540 kcal/kg とする。

(5.2) 100 V で 1.0 kW の電熱器があるが，これを 1.2 kW で使いたい。同じ材質の電熱線で長さを変える（ピッチの変更など）か，線径の異なるものにするか，検討したい。いずれもこの使用範囲では寿命などに問題はないと仮定する。長さあるいは線径をどう変えればよいか。

(5.3) 温度 25 ℃，体積 0.5 m³ の水を 100 ℃まで上昇させたい。電熱器容量 4 kW，総合効率 90 % の電気温水器を使用する場合，何時間が必要かを求めよ。ただし，水の比熱と密度は 4.18 J/(kg·K)，1.00×10^3 kg/m³ であり，水の温度に関係なく一定とする。（平成 21 年　第三種電気主任技術者試験問 17，一部変更）

(5.4) 水分を含んだある物質から，毎時 1 kg の水分を蒸発により除去させるのに必要な電熱乾燥設備の電力容量を知りたい。乾燥前の温度は 20 ℃，乾燥は 100 ℃で行われるとし，この物質中の固形分の顕熱は無視する。

この乾燥設備のエネルギー効率は 60 % と仮定する。水の蒸発潜熱を 100 ℃において 540 kcal/kg として計算せよ。

(5.5) 厚み 0.5 m, 熱伝導度が 0.8 W/(m・K) のれんが壁の内側の温度が 500 ℃, 外気温度は 20 ℃ で定常状態にある。炉外壁における熱伝達係数が 8 W/(m²・K) のとき, 炉外壁温度を求めよ。また, このとき炉壁の単位面積当りの熱流束あるいは電力パワーを求めよ。

(5.6) 直径 1 m, 高さ 0.5 m の円柱がある。円柱の下面温度が 700 K, 上面温度が 430 K に保たれているとき, 伝導によって円柱の高さ方向に流れる熱流束 q 〔W〕を求めよ。ただし円柱の熱伝導率は 0.26 W/(m・K) であり, 円柱側面からの放射及び対流はないものとする。(平成 25 年 第三種電気主任技術者試験問 17(a))

(5.7) ある温風器の電熱線の温度が 300 ℃ である。いま, 送風機が故障して電熱線の表面伝熱率が 4 分の 1 に低下したとき, 電熱線の温度は何度になるか。ただし, 気温は 20 ℃ とし, 電熱線への供給電力は変化しないものとする。

(5.8) 面積 S_1〔m²〕, 温度 T_1〔K〕の面と, 面積 S_2〔m²〕, 温度 T_2〔K〕の面が平行に向き合っている。$T_1 > T_2$ であるとき, エネルギーは面積 S_1 の面から面積 S_2 の面へ放射によって伝わる。この二つの面の放射率を ε, 形態係数を F_{12} とし, シュテファン・ボルツマン係数を σ とするとき, このエネルギー流量(1 秒間に S_1 の面から面積 S_2 の面に伝わるエネルギー量)ϕ を求めよ。(平成 25 年度第三種電気主任技術者試験問 17(b), 一部変更)

(5.9) 熱抵抗 $R = 0.14$〔℃/W〕の立方体炉の熱容量が 2 000〔J/℃〕であるとする。この炉に 10〔kW〕の一定入力を投入するとき, 以下の問に答えよ。

① この炉の到達できる最高温度は何度になるか。ただし, 周囲温度は 25 ℃ とする。

② この炉が 825 ℃ になるのは, 電力投入後何分後か。

6章　電熱工学の基礎（電熱の発生）

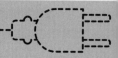
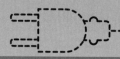

6.1　抵抗加熱

6.1.1　電気抵抗，ジュール熱

導線の電気抵抗 R 〔Ω〕に関しては，本編の 5.1.2 項で詳しく述べているように，電位差（電圧）V と電流 I の比（$R=V/I$）であり，それは長さ L に比例し，断面積 S に反比例する．その比例定数を ρ で表し，**抵抗率**あるいは**比抵抗**といい（**固有抵抗**ということもある），その導線の材質固有の電気的な特性値である．この値はまた温度によって変化する．ρ の単位は〔Ω·m〕であり，その逆数は**導電率**あるいは**電気伝導率**と名付けられている．

$$R = \rho \frac{L}{S}$$

抵抗加熱は一般に電気抵抗値の大きい電熱線に通電し，I^2R に相当する電力消費分を熱エネルギーに変え，その発熱を加熱源として用いる加熱方法である．この I^2R に相当する発熱を**ジュール熱**という．各種の加熱目的に適合するよう，いろいろなワット数の電熱線が用意されており，必要な熱量に適したワット数のものを選んで用いる．これら電熱線の設計製作上，最も基本となる因子は，電熱線材質の抵抗率である．

6.1.2　抵抗加熱用の発熱体・電熱ヒータの種類

（1）合金系

発熱体の特性を決めるのは電熱線であり，必要とする発熱量，耐熱性，耐酸

化性などによって，適当な抵抗率や熱的特性を持つ材質を選定し，線径，長さ，さらにコイル形状で用いる場合には，その径やピッチなども決める。電熱線としてよく用いられている材質としては，ニクロム（Ni-Cr合金）線，鉄クロム（Fe-Cr）線が知られているが，これらはそれぞれ，その主要成分の比率やその他の成分の含有量により，いろいろな種類あるいは定格のものが用意されており，多くは1300℃くらいまでの温度で用いられている。

（2）**高温用：金属間化合物系，セラミックス系**

① 二ケイ化モリブデン（Si_2Mo）

開放空間に近い状態において1300℃まで，また炉壁れんが材料とともに炉内で用いた状況では1600℃くらいまでの発熱体として，酸化雰囲気においても用いることができる。また窒素雰囲気下でも使用できる。

② 炭化ケイ素（SiC）

これも1300℃くらいまで，あるいはそれ以上の，酸化雰囲気においても使用可能な材質である。また窒素気下でも用いられる。大学や企業の研究室においてよく使用されている，高温マッフル炉の電気ヒータとしてよく用いられている。

③ モリブデン，タングステンなどの高融点金属

これらの高融点金属材料も非酸化性雰囲気において，1300℃以上での発熱源として用いられているが，これらの素材は一般的には近赤外ヒータの内部発熱源などのフィラメントとして用いられている。またPtは大気中1500℃程度まで使えるが，非常に高価であるため，使用は限られている。また還元雰囲気では使えない。さらに高温の2000℃から3000℃の領域になると，おもに黒鉛，場合により炭素質材料がヒータとして用いられている。

6.2　赤外放射加熱

これは波長の短い**近赤外放射**と波長の長い**遠赤外放射**に分けられる。かなり以前から知られている赤外放射加熱は近赤外放射加熱である。わが国では，近

赤外放射の波長域は，可視放射の赤色より長波長側（0.8μm から 2μm くらいまで）を指し，遠赤外放射の波長域は 3μm あたりから 20～30μm を指す場合が多い。

この加熱の特徴は，赤外線を直接に物体に照射しそこを加熱するため，抵抗加熱と異なり，保温空間が不要なことである。

6.2.1　近赤外放射加熱

0.8μm から 2μm くらいまでの波長域は赤外吸収特性を有する多くの物質の吸収波長域とはずれているが，フィラメント温度の高さから頷けるように，遠赤外放射ヒータに比し，非常に大きな放射パワーが得られるため，エネルギー吸収効率が悪いことを意識せずに利用されている。

この加熱方法は，加熱条件を微妙にコントロールするというよりも，大きなパワーをヒータに加え，多少電力コストを無視しても一度に大量の物体を加熱処理するのに有効であるとして，電力コストの安い地域や欧州を中心に広まった。わが国では，エネルギー大量消費プロセスには，電力以外のエネルギーを用いるのが常識であったこともあり，欧米のような積極的な利用はなされなかった。

6.2.2　遠赤外放射加熱

遠赤外の利用は，わが国においてその利用の効果が認められ，欧米にはない進展が見られた。それはこの技術がわが国においては，エネルギーを極力節約すべきである，という宿命ともいえる課題に適合していたからである。わが国の産業界で必要とされている加熱・乾燥プロセスのほとんどが，その対象物体が熱的にセンシティブ（敏感）で熱損傷を受けやすいため，熱処理において高い温度が利用できない，という場合である。このような場合に利用する熱エネルギー源として，遠赤外ヒータの効果が認められた。

遠赤外ヒータから放射されているエネルギーの波長域は，2.5μm 以上，20～30μm 以下であって，この波長域は，金属を除くほとんどの物質，食材，

高分子物質，有機材料，水，さらに人体やその他の生物体などが，照射された放射エネルギーを効率よく吸収できる領域でもある。これらの特徴を有効，かつ巧みに利用して，熱風によるよりも物体の表面温度を抑えながら，はるかに短時間で所定の加熱・乾燥処理を行うなどの効果を上げている。

この加熱方法は，通電した加熱状態にある電気ヒータを加熱したい物体に直面させ，空間を隔てて対象を加熱する方法である。放射加熱用の電気ヒータでは，電熱線はむき出しの状態ではなく，石英管や表面がセラミックス系の材料で作られたプレートや管の内側に収められている。

電熱線が露出している通常のヒータによる加熱の場合でも，ヒータを直接対象物に触れさせての伝導方式による加熱はそれほど多くはない。多くの場合，通常の電熱線であっても，ヒータにより炉内雰囲気の温度が上がり，それによって対象物が対流加熱される，などと考えられる。あるいは，ある程度の時間が経過すると，炉内壁材料の温度もかなり上昇し，そこからの放射加熱が効果的に働くと考えられる場合もある。したがって，放射加熱の寄与は少なくはないと思われる。

6.2.3　赤外放射加熱用のヒータ

近赤外放射加熱に用いられるヒータは，石英管の内部に，W，Mo などの細い金属線（フィラメント）を Ar などのガスと共に封入した構造をしており，フィラメントに通電することで，その温度を 2 100 ℃ 程度の高温に保持し，そこから放射される赤外放射エネルギーを利用する。2 100 ℃ のフィラメントからの放射を**黒体**からの放射と同等と考えると，**プランク（Planck）の法則**により，そのエネルギーは波長域 1.0 〜 1.5 μm を中心とした近赤外波長域において放出される。

遠赤外線のヒータには，板状，棒状など各種形状のものが用意されており，内部に組み込んだ Ni-Cr 線などの電熱線に通電する。ヒータの外面はセラミックスで作られているか，あるいはその表面部分にセラミックス材料が被覆されており，この部分が加熱されることで，その表面から遠赤外放射エネルギーが

放出される。セラミックス材料は遠赤外放射材料であり，その種類や構成成分により放射特性が異なる。**図6.1**にわが国で実際に使用されている各種遠赤外ヒータの**放射特性**をまとめて示す。このヒータの使用温度は，近赤外ヒータに比べ，はるかに低温領域である600℃以下でおもに使われていたが，最近ではそれより高温域である900℃程度まで用いることのできるヒータの利用も進んでおり，高パワーでの遠赤外放射の利用も広まっている。

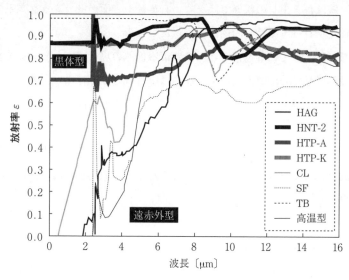

図6.1　各種遠赤外ヒータの放射特性
〔遠赤外線協会実施の調査研究より〕

　放射加熱専用のヒータとしては，出来るだけ大きなパワーでエネルギーを放射し，かつ照射したエネルギーが加熱対象の物体に効率よく吸収されるように，その材質（放射特性）やヒータ構造などが検討されており，放射加熱の利点を最大限に追求できることが必要である。**表6.1**に近赤外ヒータと遠赤外ヒータとの対比を示す。

表 6.1 近赤外ヒータと遠赤外ヒータとの対比

大分類	小分類	形態	発熱源	発熱体温度	放射波長域	立上がり時間
近赤外ヒータ	短波長型	透明石英管にArガス封入	Wフィラメント	2 100 ℃	1.2 μm	1秒以内
	ハロゲン型	短波長型と類似，同等特性	Wフィラメント	2 100 ℃	1.2 μm	1秒以内
	カーボン型	短波長型と同等	カーボン	1 200 ℃	2.0 μm	2秒
	中波長型	短波長型と同等	Wフィラメント	850 ℃	2.6 μm	45秒
	遠赤外ハロゲン	管面にブラックコーティング	Wフィラメント	2 200 ℃	3〜4 μm	50秒
遠赤外ヒータ		表面セラミック放射素材	電熱線	max 900 ℃	2.5〜20 μm	数分

大分類	小分類	照射エネルギー密度	対物質特性・その他	寿命
近赤外ヒータ	短波長型	120 kW/m²	可視域を含み，反射・透過を伴う	5 000 時間
	ハロゲン型	120 kW/m²	可視域を含み，反射・透過を伴う	5 000 時間
	カーボン型	50 kW/m²	放射波長域をやや長波長側にシフト	8 000 時間
	中波長型	80〜100 kW/m²	放射波長域を長波長側にシフト	20 000 時間
	遠赤外ハロゲン	ハロゲン型同等	放射波長域を長波長側にシフト	5 000 時間
遠赤外ヒータ		10〜30 kW/m²	多くの材質によく吸収される	非常に長い

6.3 電磁波加熱

赤外放射加熱は，加熱した赤外放射体（ヒータ）からの熱放射が電磁波の赤外放射の波長域において行われるため，電磁波加熱として論じられることもあるが，この方法では電気回路によって赤外域の電磁波を作り出しているのではない．しかし以下に示す電磁波加熱では，電気回路的に目的とする領域の電磁波を発生するような電源，回路，仕組みを用意している，という点で，赤外放射のような**熱放射**による電磁波加熱とは大きく異なっている．

6.3.1 誘電加熱・マイクロ波加熱

この方法はほとんどの絶縁材質を加熱対象とする。このような物質はその内部に**電気双極子**（図6.2）が存在している。この物体の相対する面の両側に，交流の電場を印加すると（図6.3），その交流の周波数と同じ周波数で，電気双極子が反転を繰り返し，これが周囲と起こす摩擦が熱エネルギーに変わる。

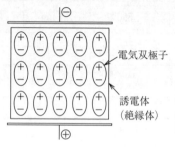

図6.2　電気双極子

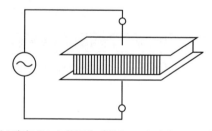

図6.3　交番電界が印加された絶縁体〔出典：エレクトロヒートハンドブック[1]〕

この電気双極子の反転（回転）振動の機構は，水分子に対しても当てはまる。水分子は正の電荷を持つ水素原子と，負の電荷を有する2個の酸素分子の平均的な位置とが離れており，電気双極子を形成している（図6.4）。

食品中に含まれる水分の加熱，あるいは水分含有食材の加熱装置が電子レンジであり，用いている周波数は一般の誘電加熱より1桁程度高いマイクロ波（2.45 GHz）である。この周波数が水分子の反転振動と共鳴し，それを励起することで含水食品が短時間で加熱できる。電子レンジでは，マグネトロン発振管などを装着し，家庭に来る商用周波数から，この周波数を作り出している。また，産業用の誘電加熱装置では，いろいろな方式によって目的の周波数の電

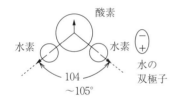

（a）全対称伸縮振動　　　（b）全対称変角振動　　　（c）逆対称伸縮振動
（3 657 cm⁻¹，2.73 μm）　（1 595 cm⁻¹，6.27 μm）　（3 756 cm⁻¹，2.73 μm）

図 6.4　水の三つの**基準振動**と双極子（マイクロ波加熱では，双極子が 2.45 GHz で反転し，加熱される）

磁波を生み出している。

誘電加熱方式は誘電損失により発生する熱を利用しており，そのエネルギー P は次式で示される（**図 6.5** 参照）。

$$P = VI_C \tan\delta = 2\pi f C V^2 = 2\pi f \frac{\varepsilon_r \varepsilon_0 S}{d} V^2 \tag{6.1}$$

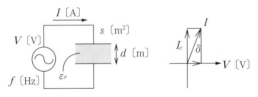

図 6.5　誘電加熱の原理図

ここで，V は印加電圧，f は周波数，I は電流である。I_C は誘電体のコンデンサ成分を流れる電流であり，$\tan\delta$ は**誘電正接**である。C は誘電体をはさんだ電極間の静電容量であり，ε_r は誘電体の**比誘電率**である。この式から，誘電加熱電力は周波数に比例し，かつ印加電圧の 2 乗に比例することがわかる。この加熱の特徴は以下のとおりである。

（1）　全体が均一に加熱される。
（2）　電圧が印加されているときのみ加熱されるため制御が容易である。

何種類かの誘電体を層状に重ねて加熱するとき，$\tan\delta$ や ε_r の値が周波数 f に依存することを利用して，特定の層のみを加熱させ接着を行うことが可能になる。これを選択加熱と呼ぶ。

6.3.2 誘導加熱

この方法は金属など導電性の材質が加熱対象となる。大型のコイルに交流の電源から電流を流し，コイル内部の空間に導電体を置くと，**電磁誘導**により発生する**渦電流**が引き起こすジュール加熱（渦電流損）と**ヒステリシス損**による加熱の両方を利用して導電体を加熱する（図6.6）。渦電流損は周波数の2乗に比例し，ヒステリシス損は周波数に比例する。誘電加熱は金属物質の溶解，熱処理，熱加工に利用されている。使用される周波数は，商用周波数から数十ないしは数百kHzまで幅広い。加熱対象物質の寸法，形状や目的により，いろいろなタイプの誘導炉があり，それぞれに適正な周波数が選定されている。産業用としては，低周波誘導炉，高周波誘導炉として，金属類の溶融などに利用されている。家庭用の電磁調理器，電磁炊飯器も，**IH機器**として近年人気があり，家庭の商用電源からインバータを用いて高周波を作り，それを利用している。

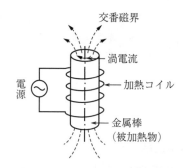

図6.6 誘導加熱の原理図
〔出典：エレクトロヒートハンドブック[2]〕

この加熱の特徴は，周波数が高くなると表皮効果のため導体の表面のみが加熱されるようになることである。これを利用して，金属の表面焼入れなどに利用されることもある。

6.4 アーク加熱・プラズマ加熱

空気やガスなどの気体中に設けた一対の電極間に高電圧を印加し，気体中の

中性粒子を電子とイオンとに**電離**させた状態を作り出すと，電極間に大電流が流れる。この電離空間を**プラズマ**といい，この空間に発生する高温を利用する加熱方法をプラズマ加熱という。この装置の一例を**図6.7**に示す。温度は5 000 ～ 20 000 ℃にも達し，ほかの方法では簡単には実現できない高温が比較的容易に実現できる。例えば，高速気流において形成したプラズマジェット中に，金属粉末や高融点のセラミックス材料粉末を投入すると，瞬時に溶融状態となって対象物に高速で吹付けることができ，そこに金属あるいはセラミックスの皮膜が形成される。これは，**プラズマ溶射**というコーティング技術として広く実用化されている。

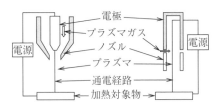

図6.7 ロッド形プラズマトーチ〔出典：エレクトロヒートハンドブック[3)]〕

この加熱機構は産業用の，より大型の装置であるアーク炉として，金属の溶融，精錬などでも広く用いられている。そのほか，金属酸化物を含んだ鉱物原料の溶融，不要成分の還元，分離などの精製や酸化物セラミックス粉末の溶融にも用いられている。これらアーク炉で製造される金属酸化物，あるいはセラミックスは，各種砥石向けの原料やさまざまな種類のれんが，耐火材料の原料として広く用いられている。実際に利用されているアーク炉の詳細は7.6.5項で述べる。

演習問題

(6.1) 抵抗加熱の原理，特徴およびそこで用いられるヒータについて述べよ。
(6.2) 赤外放射加熱用のヒータの種類とその特徴について述べよ。
(6.3) 誘電加熱・マイクロ波加熱の原理，特徴を述べよ。
(6.4) 誘導加熱の原理，特徴を述べよ。
(6.5) アーク加熱・プラズマ加熱の原理，特徴を述べよ。

引用・参考文献

1) 日本エレクトロヒートセンター編：エレクトロヒートハンドブック，p.346，オーム社（2011）
2) 日本エレクトロヒートセンター編：エレクトロヒートハンドブック，p.266，オーム社（2011）
3) 日本エレクトロヒートセンター編：エレクトロヒートハンドブック，p.248，オーム社（2011）

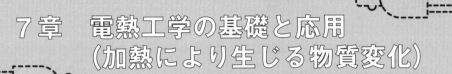

7章 電熱工学の基礎と応用
(加熱により生じる物質変化)

物質は加熱することでさまざまな変化を起こす。どのような変化を望むか，加熱の目的は広い範囲にわたっており，その目的に適合した加熱方法や加熱技術が選択される。各種の加熱目的を一覧にして，**表7.1**に示す。

表7.1　加熱目的と具体的内容

加熱目的	具体的内容
温める 【顕熱付与】	・予熱, 保温, 蓄熱　・暖房, 飼育, 生育　・温熱治療　・養生
水分や溶剤を除去する 【乾燥】	・水分蒸発　・溶剤蒸発　・濃縮　・発汗
状態を変える (融かす，軟化させる) 【相変化】	・軟化, 溶融　・熱処理　・解凍
熱的な反応, 化学的変化をおこす 【化学反応】	・焼成　・焙焼　・火入れ　・調理　・熱変性　・熱硬化 ・焼付け　・加硫　・熱処理　・焼却　・熱分解　・熟成
表面の熱処理 【その他】	・殺菌, 静菌　・日持ち　・表面層の熱変性

7.1　物体温度の上昇・保持

物体を温める。このとき，物体に与えられる熱エネルギーは，その物体の顕熱を高めるのに使われる。いろいろな工程で行われている予熱，保温，蓄熱などのほか，人体や空間の暖房，動植物の飼育，生育への利用があり，人体の温熱治療など，比較的マイルドな加熱にも利用されている。

7.2 乾　　　燥

　物体に含まれる水分や溶剤を除去することを目的とする。ただし塗装乾燥の分野では，このほかに**熱硬化性**塗料の熱硬化反応なども含めて乾燥ということが多い。物体の加熱の中では，非常に重要なプロセスで，広く行われており，また，液体の濃縮にも用いられている。水分の乾燥はほかの加熱目的の場合に比べ，非常にエネルギーを多く消費するが，これは水の蒸発熱が大変大きいからである。したがって，特に食材の乾燥など，対象物体が熱的にセンシティブで，その処理温度をあまり高くできないような場合，効率的に乾燥させる方法を選択する必要がある。

7.3 相　変　化

　融かす，軟化させるなど，物質の相状態を変える目的での加熱であり，熱処理のような微妙な物質組織や構造の変化も，これに含められる。蒸発も液体から気体への相変化であるが，これは7.2節で独立して取り上げた。特殊な目的では**解凍**があるが，これは単に固体である氷を水分に相変化させるだけでなく，なるべく凍結前の自然な状態に復元させる，という難しい課題が付随している。解凍時に起きやすい熱変性を避けるため，この間の温度上昇は極力抑えることが求められる。

7.4 熱変性，化学的変化

　食材の焼成，焙焼，火入れ，調理などで加熱は大変重要な処理法である。また**蛋白変性**や**澱粉の糊化**など相変化も熱変性として扱われることもある。有機材料一般についても，塗料や樹脂材料の熱硬化や焼付け，ゴムの加硫に加熱処理が必要になる。焼却処分や熱分解による新たな材料合成の熱源に用いるとい

う目的もある。食材の熟成や長時間の一定条件下での保存などの処理，樹脂の熱硬化時の均一かつ完全な反応の達成，成形後の熱処理による歪み取りなどの時間を掛けた（熱エネルギーを与えながらも温度はあるレベルを保つというような）プロセスが求められている。このような場合に利用できる手段を見つけることは非常に困難である。

7.5 表面の熱処理

食材などの表面に熱エネルギーを与えることで，殺菌したり，菌の活動を抑えたり，というようなことも行われている。この場合，食材の熱変性や食味や色調の変化，水分喪失は避けたいので，食材自体の温度を低く抑えた上での殺菌を実現させねばならず，難しい処理になる。

7.6 電気炉の種類とその特徴

ここからは電気炉における伝熱の応用について述べる。

7.6.1 抵抗加熱炉

このタイプの炉は，電熱線で作られたヒータを炉内に装着あるいは炉壁に埋め込み，これに通電し，その発熱を対象物の加熱，加温に利用するものである。炉内の加熱対象への伝熱は，ヒータ発熱により昇温した耐熱あるいは耐火性の炉壁からの赤外放射伝熱と，高温になった炉壁材料とヒータ自体で加熱された炉内雰囲気による対流伝熱とが作用している。

食材や電子部品など，乾燥や焼成を行いたい処理物を載せたトレーや鉄板をこれらの方法で加熱し，そこから熱伝導で対象物を加熱することもあるが，通常は直接伝導伝熱による場合は少ないと思われる。あまり指摘されていないが，放射伝熱の寄与は，対流伝熱よりも大きい場合が少なくない。これらの間接的な，あるいはそれに準じた方式による抵抗加熱の炉の模式図を図7.1に示す。

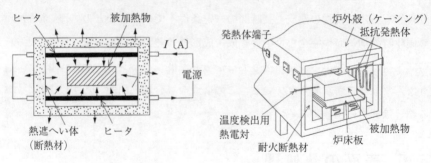

図7.1 間接抵抗炉加熱〔出典：エレクトロヒートハンドブック[1]〕

断熱性のよい炉で時間を掛けた処理を行う場合には，炉壁温度はヒータ温度に接近するように上昇し，炉内全体が昇温する。ヒータからの直接の放射伝熱もあるが，炉壁全体からの放射伝熱は一層の効果が期待できる。同時に炉壁温度上昇は，炉内雰囲気温度の上昇ももたらし，対流伝熱としても作用する。

クリプトルと呼ばれる 5 mm 程度の炭素粒（粘度を混合して成形したものなど）を耐火断熱れんがなどで囲った炉室に，接触圧力を掛けて充填したクリプトル炉（**図7.2**）では，炉の両端の電極から内部に通電し，そこに埋設した対象物を 1 700～1 800 ℃に加熱することができる。これは直接の熱伝導によって加熱する方法としてユニークである。この炉ではクリプトル粒の充填層全体の抵抗が低いので，電極接続部分などの電気抵抗値が十分に低く保たれていることが不可欠であるとともに，印加電圧の設定，充填圧の一定保持，内部の発熱量の確認が必要である。このタイプは高温部が内部に密閉されたようになるので，内部のクリプトル粒自体の酸化消耗は低く抑えられている。

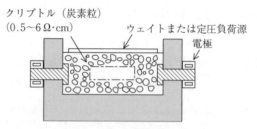

図7.2 クリプトル炉〔参考：工業炉用語辞典[2]〕

7.6.2 放射加熱炉

この方式の炉には，近赤外加熱炉と遠赤外加熱炉とがあるが，ここではわが国で一般的な遠赤外放射加熱炉について述べる．この炉は，通常対象材料の処理温度が200℃，高くても300℃くらいまでの加熱および乾燥処理に用いられる．赤外放射を用いた炉は，しばしば処理に半日以上の長時間を要する熱風方式のバッチ型の炉に代えて採用されることが多く，処理時間が例えば20分といった短時間で済むために，連続処理方式の炉として用いられることが多い．

この場合処理物はメッシュベルトやチェーンベルト方式の**ベルトコンベア**などの上に積載して，炉内を搬送させ，ベルトの上部あるいは上部と下部の両方に装着した遠赤外ヒータからの放射に曝す．ベルトとしてこのほかにいろいろなタイプのものも使われており，流動性のある材料に対しては，テフロンベルトなどが使われている．搬送の駆動機構もさまざまであり，底部にローラを密に並べ，その上に載せた対象物を回転により送っていく，**ローラハース**方式や，処理物を入れたトレーをメッシュベルトなどの搬送装置の上に一つずつ密着して並べ，トレーを炉内に順次送り込む，あるいは押し込んでいく，連続押し込みの**プッシャー**方式などがあり，さらに**ウォーキングビーム**と呼ばれる，炉床に設けた駆動ビームを昇降と前後への往復を組み合わせた移動で積載品を搬送する方式など，処理しようとする物質の形状や状態に合わせてそれぞれ適切な方式が採用されている．

棒状あるいは板状の遠赤外ヒータ（**図7.3**参照）は，必要な個数だけ，搬送面に対して平行になるように，配列させてそれぞれを温度制御する．また可能な場合は，コンベア下部にも同様にヒータ配列群を設け，上下からの加熱による均一処理，効率化を図る．

このように加熱・乾燥の進行に合わせて最適な放射エネルギーを与えられるというのは，熱風加熱炉などでは得難い赤外放射，特に遠赤外放射炉の大きな特徴，かつ利点である．

連続式の場合は，処理物体は炉内で水平の一方向に流すのが一般的である．

バッチ式の装置としては棚型の炉が一般的である．この炉は各段の上部に板

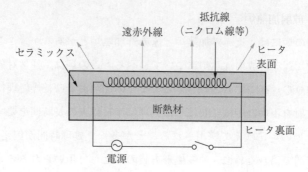

図 7.3 遠赤外ヒータ（面状ヒータ）の構造図
〔出典：日本電熱協会　遠赤外加熱（1990）〕

状の遠赤外ヒータを設け，処理物をトレーなどに装填して各段の棚に置き，連続炉よりは時間を掛けて処理する必要のある場合などで用いられている。

7.6.3 高周波誘電加熱炉とマイクロ波加熱装置

この二つの加熱方法は，類似した機構に基づいており，加熱対象物質内に存在する電気双極子のような配向分極が，ある周波数の交番電界（もしくは電磁波）のもとに置かれたとき，その周波数に応じた回転振動を行い，そのとき周囲の分子などとの間に摩擦を起こし，発熱が生じることを利用している。ただし両者は，周波数，対象とする物質，装置の方式すべてが異なっている。（原理は 6.3.1 項で述べているので特徴のみを示す）。

（1）マイクロ波

電波法で定められたマイクロ波の周波数帯域は 300 MHz から 300 GHz までだが，この帯域は各種テレビ放送などで使用されているため，加熱用としては 915 MHz と 2.45 GHz のみが使われる。**マグネトロン**により発生したマイクロ波は，装置内空間に照射され，内部に置かれた対象物体に伝搬する。マグネトロンを用いた場合の，商用周波数電源からマイクロ波への変換効率は 60 % 程度である。産業用としては連続加熱装置（**図 7.4**）も作られており，米菓（かき餅）の膨化，茶葉の乾燥，ゴムの加硫などに利用されている。また，放射加熱との組合せなども試みられている。このような装置の場合，マイクロ波の炉

内への伝搬の均一性や漏洩防止などに配慮が払われている。マイクロ波の伝送では通常のケーブルは損失が大きいので，**導波管**を用いるが，その形状や配置に配慮が必要である。

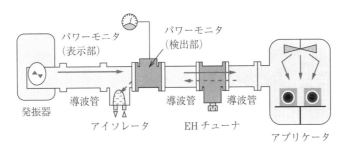

図7.4 マイクロ波加熱装置〔出典：エレクトロヒートハンドブック[3]〕

（2） 高周波誘電加熱

この加熱法に用いている周波数は，マイクロ波よりも2桁以上も低く，数MHzから100MHz程度までの領域である。この加熱では，加熱対象物は平行な電極板の間に挟み，この電極間に高周波発信器で作った上記周波数の電界を加える。通常利用されている周波数は，マイクロ波と同様に制限があり，14〜41MHzが用いられている。この周波数帯の発信器はかなり容量の大きいものも利用できるので，産業用の大型装置としては，数百kW規模のものも稼動しており，連続装置も多い。また対象の物質も多岐にわたっており，茶葉の乾燥，冷凍品の解凍，木材の乾燥や成形加工，窯業品の乾燥，樹脂シート類の溶着（**高周波ウエルダ**として最も多く利用されている）など，広い範囲で利用されている。特殊な分野では，癌の**温熱治療法（ハイパーサーミア）**のうちの一つでもあり，疼痛や心臓疾患の治療にも試みられている。また減圧下の乾燥装置や回転ドラム式の乾燥装置も利用されている。

7.6.4 誘導加熱炉・IH加熱

この方法では加熱対象物体に磁界を発生させるため，コイルを近接して設けるが，加熱部分の大きさや形状などにより，磁束を対象物に縦断させるものと

横断させるものがあり，コイルの形状もさまざまである。炉のタイプとしては，コイルの内側の空間に耐火物で作ったるつぼ状の溶解室を設け，その中に装填した金属を溶解する**るつぼ型溶融炉**（**図 7.5**）と，**溝型誘導炉**（**図 7.6**）とに大きく分けられる。

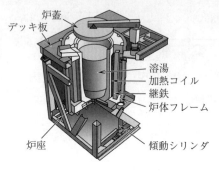

図 7.5 るつぼ型誘導炉
〔出典：エレクトロヒートハンドブック[4]〕

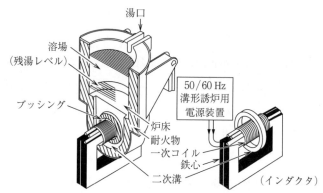

図 7.6 溝型誘導炉〔出典：エレクトロヒートハンドブック[5]〕

後者は溶けた金属である溶湯を溜め，保持する部分と，さらにその炉床部分に，溶湯が入り込んでいる円柱状の溝と，これを加熱する誘導コイルを設けている。溝は誘導コイルと同心軸上にあり，いわば二次コイルとして作用している。全量の溶解が終わった後，炉体を傾斜させて溶湯を取り出す。

溝型誘導炉は商用周波数を用いるが，るつぼ型誘導炉は，商用周波数で運転する低周波誘導炉と，150～10 kHz による高周波誘導炉に分けられる。

近年，IH 方式によるワニス硬化，塗装乾燥，ロウ付け，焼入れ，焼鈍，焼

バメなども行われているが,用いられている周波数は数 kHz から数百 kHz であり,本質的に高周波誘導加熱に近いものである。ただ電力容量としては数 kW から数十 kW と,やや小型のものが多い。この方式も例えば放射加熱などと,ハイブリッドで使うことが検討されている。

高周波誘導加熱の電源としては,**サイリスタインバータ**が用いられているが,商用周波数以上,1 kHz 以下の中周波誘電加熱では,変圧器の結線により発生させる方式を取っている。

7.6.5 アーク炉

鉄鋼のアーク炉での標準的な形式は,**エルー炉**といわれる,三相交流を用い,上部から吊り下げた3本の人造黒鉛電極から,その下の炉体容器に装填された原料およびその溶融物(溶湯)に対し,各アーク柱を通して直接通電するものである。このとき同時に高輝度のアーク柱からは,下部にある原料や溶湯に大きな熱エネルギーが伝わる。また形式は類似しているが,単相の電力によるより小さな容量の2本電極タイプもある。これらの三相および単相のアーク炉の構造を**図 7.7**に示す。さらに対象の被加熱物中に電流が流れない場合のためには,アーク柱からの放射を主とした間接アーク加熱方式の炉もある。変わったタイプでは,上方から吊るした1本の電極から炉底部に設けた電極などにアークを発生させ,間に装填した材料を加熱する,**ジロー炉**と称する方式の炉もあり,これらには直流を用いている場合もある(**図 7.8**)。

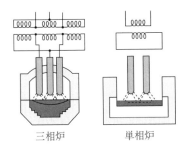

図 7.7 直接アーク炉の構造
〔出典:エレクトロヒートハンドブック[6]〕

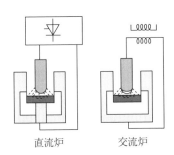

図 7.8 ジロー炉の構造
〔出典:エレクトロヒートハンドブック[6]〕

アークはそれ自体，電流が増えると電圧が低下する特性があり，アークが不安定になる。そこで電流が増えると電圧も大きくなるよう，回路に安定のための要素（リアクトルなど）を挿入する。

一般に，製鋼アーク炉は数百ボルトで数万アンペアという低電圧・大電流で運転されている。投入電力の制御は電圧調整によっている。また，アークの長さも重要な管理因子であり，電圧を高く設定すると，アークは短くなる。溶解対象物の種類などにより電圧を調整，制御し，アーク長も制御する。アーク炉はアーク柱の状況が常時変動しており，それ自体大電力を消費しているため，元の電源にも影響し，照明の電源などにちらつきをもたらす（フリッカ障害）。これへの対策もいろいろ工夫がなされている。

7.6.6 アルミニウム電解槽

炭素質で内張りしたアルミニウム電解槽（図7.9）において，溶融した氷晶石 $Na_3(AlF_6)$ を直流電界の下でのジュール発熱により約1 000℃に保ち，そこに粉末状のアルミナ Al_2O_3 を加えて行くとこれが溶解し始め，電気分解が始まる。この方法を**溶融塩電解**という。

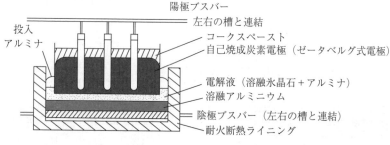

図7.9　アルミニウム電解槽の模式図

上部にある陽極では常時無定形炭素を添加して，その炭素と発生する酸素が結合し，COまたは CO_2 が発生する。電解液におけるAl生成の反応式は，つぎのように表される。

$$Al_2O_3 + 3C \rightarrow 2Al + 3CO$$

炭素質の陰極は炉底に設けられており。電気分解で生じた金属アルミニウムは溶融塩の浴の下部で，炉底に溜まるので定期的に汲み出す。一つの槽に印加される電圧は 4 〜 6 V 程度であるが，大きな電流を流しており，各電解槽は直列につながっている。この工程は大電力を消費する代表とされているが，電力原単位は 13 500 kWh/t 程度であるという。

7.6.7 アチソン炉（炭化ケイ素炉）

10 〜 20 m くらい離れた位置に，2 基のコンクリート製の一枚壁（幅，高さ 3 〜 5 m）をたがいに向かい合わせて設け，両方の壁の中心付近に短い黒鉛電極を取り付ける。両壁の間の空間に，原料である細粒状の酸化ケイ素 SiO_2 であるケイ砂や砕いたケイ石と炭素含有物質とを一杯に詰める。これを**アチソン炉**（炭化ケイ素炉）（**図** 7.10）と呼ぶ。

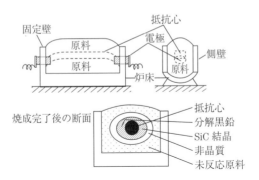

図 7.10　アチソン炉（炭化ケイ素炉）
〔参考：工業炉ガイドブック[7]〕

実際には，両側の電極の間は，長い円柱状につながるように炭材を充填して電流経路を作り，その周囲をケイ砂とコークスなどで埋め尽くすように，築炉する。電力容量 2 000 〜 4 000 kW で両端の電極から通電すると，中心の炭材部が発熱して 2 500 ℃ 程度にまで達し，そこから周囲へ伝熱し，同時に中心から外側に向かって反応が伝わっていく。この反応は以下で表されるが，1 900 〜 2 400 ℃ の温度域で起き，気相での反応である。

$SiO_2 + 3C = SiC + 2CO$

1日以上運転した後は，中心の通電部の周りは，中心に近いほど炭化ケイ素が多く生成し，周囲に向かうほど炭化ケイ素の生成割合が少なくなっている。操炉後は堆積層を崩し，大雑把に炭化ケイ素の多い部分から，より少ない部分，さらに少ない部分へと仕分けし，それぞれ粉砕，脱炭，除鉄，ふるい分けなどの処理を行い，高純度品から徐々に低純度のグレードに分けていく。炉の外側に残ったほとんど未反応の部分はつぎの操炉の際の原料に戻される。

製品は粉砕後，各粒度別に分けられ，高純度品はファインセラミックスや耐火れんが材料，研削砥石や研磨布紙の材料になり，純度の低いものは，鉄鋼業などの炉前材料（高炉からの出銑時の，溶融物が流れる樋を作る際の主要材料）などになる。

7.6.8 黒鉛化炉

鉄鋼のアーク炉などに用いる円筒状の**黒鉛電極**は，石油・コークス粉などにピッチを粘結剤として混ぜて練り，電極の形状に押出成形したものをまず1 000℃程度で焼成し，これを黒鉛化炉に入れて2 600〜3 000℃に加熱して製造する。ここで無定形炭素から黒鉛への結晶化を起こさせる。

焼成後の電極は，周囲が耐火れんがで囲われた大きな炉室である黒鉛化炉（**図**7.11）に整然と並べ，その間を詰め粉であるコークスの粉末で埋める。さ

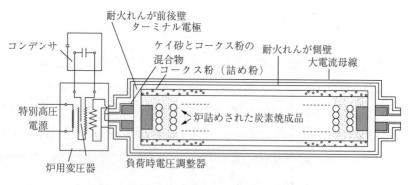

図7.11 黒鉛化炉〔参考：工業炉ハンドブック[8]〕

らに上部，下部，空隙部分にコークス粉でパッキングする。左右から差し込んだ電極を介して大電流を流し上記の高温を生み出す。無定形炭素よりもコークス粉の電気抵抗が高いので，コークス粉の部分が発熱する。クリプトル炉と同じく抵抗炉であるが，酸化防止対策に配慮が払われている。電源には直流あるいは単相交流が用いられるが，後者の場合15 000 kVA程度の変圧器により，3〜10 kAの電流で1回の処理量数10 tの大きさの炉も稼動している。処理に要する日数は数日に及ぶこともある。

7.7 炉内雰囲気

7.7.1 真空

多くの炉は大気下で用いられるが，熱的に非常にセンシティブな（影響や損傷を受けやすい）材料を乾燥するためには，減圧下あるいは真空下で乾燥を行う装置があり，さらに後者では凍結させた物体を処理することも多く，**凍結乾燥装置**とも呼ばれている。これらは到達温度としてもたかだか30〜40℃といった低温処理が必要なもの，凍結状態から乾燥させる必要のあるもの（例えば湯で元の状態に戻すインスタント食品に含まれる乾燥具材，化学成分の変化を避けたい薬剤，生物活性を保ちたい材料など）の製造に広く利用されている。この目的では，放射加熱・乾燥装置やマイクロ波の装置と組み合わせることで，一層の効果を上げている場合がある。

7.7.2 窒素置換など，雰囲気炉

炭素質の充填状態を利用した大気下での加熱方式があるが，そのタイプの場合は酸化消耗分の補充で済んでいる。酸素の存在を嫌う高温での加熱炉の場合，ライニングが多孔質のれんがであるにも関わらず，置換した窒素の圧や流れを利用して炉内を非酸化雰囲気に保ち続ける炉が実用化されている。

携帯電話やパソコンに多量に使われているチップコンデンサは，以前その電極に高価な貴金属のPdを使用していたが，コストダウンのため卑金属のNi

に変換したいというわが国のコンデンサメーカのニーズを受けて，このタイプの焼成炉が開発された。

Ni電極はPd電極と異なり高温下で酸化するので，酸素を遮断した状態で1500℃近傍の温度まで昇温できる炉が必要である。

炉の外側を容易に密閉できるような低温炉では，**雰囲気炉**は比較的簡単であるが，部厚いれんが層を必要とする，かなり高温の焼成炉では高度な築炉技術でこれを達成している。(**図7.12**)。

図7.12 雰囲気炉
〔出典：東海高熱工業株式会社配布テレホンカード写真〕

7.8 電気炉の構成要素

7.8.1 炉形式

ここでは抵抗炉で用いられている多種多様な炉形式を中心として述べる。まず大きくバッチ炉と連続炉とに分けられるが，それぞれにいろいろなタイプの炉が使われている。

（1） バッチ炉

このタイプの炉は，処理物を炉内に挿入した後は，所定の時間は炉内に留めたまま加熱を加え，処理が終わってから炉外へ取り出す。ただし，均一加熱のため，炉内での処理物の転動，撹拌（かくはん），振動などを併用することもある。

ⅰ) 箱型炉

加熱温度によって選定した断熱・耐火材で周囲をライニングし，炉内の上下面あるいは側面，あるいはその全面などに発熱体を備えた箱型の炉で，前面や上部，あるいは底部の扉の開閉により対象物体の出し入れを行う。比較的小型

で実験用などに用いる。必要に応じ雰囲気調整も容易である。炉内温度として1 200～1 500℃程度の炉も広く用いられている。

ⅱ) 管状炉

中空円柱状のセラミックス管や耐熱鋼管などを用い，その周囲を電気ヒータ等で囲み，あるいは内部空間に電気ヒータを配置し，管内部に挿入した対象物を加熱する炉で，やはり小型のものが多い。

ⅲ) **ピット型炉・ベル型炉**

発熱体を周囲壁面に装着したピット（「くぼみ」のようなもの）の中に，ポットあるいはるつぼ状の炉本体を入れて運転する形式であり，処理物の挿入・排出はポット上面辺りの高さの作業ステージからクレーンなども利用して行う。小型からかなり大型の炉まで，広範な用途に用いられている。（**図 7.13**）

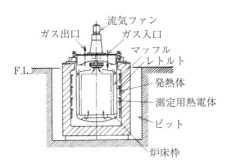

図7.13 ピット形炉（るつぼ炉，ポット炉）
〔出典：エレクトロヒートハンドブック[9]〕

このタイプとは逆に，発熱体を内壁面周囲に備えた加熱カバーを，炉本体に上からすっぽりかぶせる，ベル型炉形式もある。

ⅳ) **エレベータ型炉**

ピット型炉のピットに相当する内部に下から処理物を積載した炉床をスクリューの回転等により押し上げ，所定位置に達してから加熱処理を行う。（**図 7.14**）。運転中，上下への往復を常時続けているタイプもあり，上下方向の温度ムラを防ぐことを目的としている。炉床部分を台車に載せ，運転前後の搬

104　7. 電熱工学の基礎と応用（加熱により生じる物質変化）

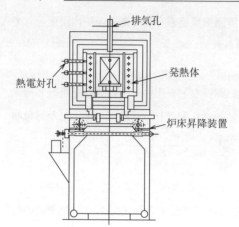

図7.14　エレベーター型炉(倒立ピット炉)
〔出典：エレクトロヒートハンドブック[10]〕

入，搬出を容易にしたものもある。

v)　台車炉

　瓦，れんが，陶磁器など一度に多量の窯業製品を焼成するための，長くかつ大型の炉では，焼成しようとする物をぎっしりと炉内に搬入する必要があり，台車上部に設けた個々の炉床の上に被焼成品を積み上げ，台車ごとレールで運んで炉内に搬入するのが普通である。このタイプを**台車炉**といい，炉が比較的小型の箱型の場合は，**シャトル炉**とも呼ばれる。

vi)　**反射炉**

　これは抵抗炉ではなく，赤外放射炉に属するが，特殊な形式なので，ここで取り上げる。内面が回転楕円体形状であり，かつ鏡面に仕上げられた内部の空間の一方の楕円焦点に，小型で高輝度のハロゲンランプ等を置き，もう一方の焦点の位置に処理物を置いて点灯すると，非常な高エネルギーが反対側の焦点に集中し，例えば高融点材料でも容易に融解させることができる。この炉はおもに研究用，実験用に用いられている。

（2）　**連続炉**

　大量の加熱処理を行うために，ある程度の炉長を持った炉内に，一方向から対象物を連続して搬送し，反対側から処理済の製品を排出するタイプであるが，炉内を通過する間に所定の加熱処理が完了するように，炉壁に装着した電

7.8 電気炉の構成要素

熱線ヒータにより炉内に温度勾配が形成されているタイプ，あるいは処理時間の経過に合わせて，所定の熱エネルギーが処理物に加えられるように，ゾーン別に発熱体が調節されているタイプなどが多い。搬送方式により炉のタイプが異なる。

i) ベルトコンベア型炉（図 7.15）

処理物を載せたベルトをエンドレスに動かして，所定の加熱処理を施すが，ベルトにはチェーンコンベア，メッシュベルトコンベアなどのほか，必要とされる温度域によっては，耐熱性のあるテフロンベルトなども使われる。赤外放射炉でよく用いられる方式であり，高温領域では，別の搬送方式が選ばれる。

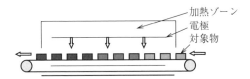

図 7.15　ベルトコンベア型炉〔出典：エレクトロヒートハンドブック[11]〕

ii) ローラハース型炉（図 7.16）

炉床に耐熱鋼管やアルミナ，ムライト，炭化ケイ素などのセラミックス管のローラを設け，ローラの回転速度を調整し搬送速度を定める。セラミックス製のローラの場合はより高温まで使え，セラミック系材質の電子素子の焼成に用いられているが，雰囲気温度の急激な変化を伴うような運転を行うと，セラミックス管が熱衝撃で割れてしまうという問題がある。

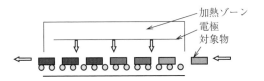

図 7.16　ローラハース型炉〔出典：エレクトロヒートハンドブック[11]〕

iii) ウォーキングビーム型炉（図 7.17）

炉床に駆動及び固定の2組のビームを交互に有し，駆動ビームに上下および前後の往復運動をさせることで間欠的に処理物を搬送する方式で，重い物質の

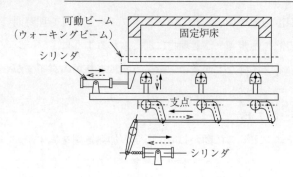

図7.17 ウォーキングビーム型炉〔出典：エレクトロヒートハンドブック[12]〕

搬送もできるという利点がある。

iv) **プッシャー型トンネル炉（図7.18）**

炉内に炭化ケイ素やムライト質の耐火性セラミックスで作られた炉床レールを設け，この上に同じくセラミックス製の滑らかな台板を置き，この上に処理品を充填したセラミックス製のサヤなどを，何段かに積み上げて載せる。搬送は炉の入り口に来た台板をプッシャーにより炉内に一つずつ押し込むことで成される。押し込んだ台板より前に置かれ，炉内でつながっている台板は順次一つずつ送られ，それに伴い処理物はプッシャーと同期して，順次間欠的に搬送される。

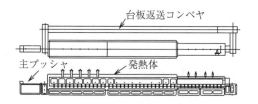

図7.18 プッシャー型トンネル炉〔出典：エレクトロヒートハンドブック[13]〕

このタイプの炉は，通常の高温処理のための炉のほか，雰囲気炉として用いるのにも好都合である。炉内雰囲気に大気が混入するのを防ぐため，炉を大気遮断の密閉空間において運転する場合，炉の入り口および出口に予備室を設けておき，炉への処理物投入時には，予備室の先に設けた密閉ゲートを下ろしておいて，予備室のゲートを空けて処理物を送り込む。予備室への搬送が終わった時点で，予備室入り口のゲートは閉じ，次いで先のゲートを空けて，予備室から炉内への送り込みを行う。出口ではこの逆の操作が行われるように設定さ

れており，大気混入を可能な限り抑えている。

v） **回転レトルト型炉**（図7.19）

　横方向に伸びた円柱状の空洞の内面に発熱体を装着した外側炉体枠と，その中に収まるように製作したレトルトからなる炉であり，レトルトに加熱対象物を入れて処理する。レトルトには鋼管やセラミックスチューブなどを用い，回転させて処理品を転動させながら連続的に炉内に送入していく。処理物の送入を円滑に行うため，レトルトの内面に螺旋状の「せき」を設けることもある。処理物の送入速度，すなわち炉内滞留時間は，レトルトの傾斜度や回転速度を調整して制御する。粉粒体の焼成などに使われるが，装置自体は比較的小型である。

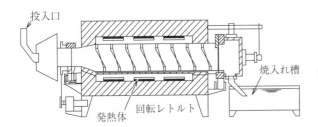

図7.19　回転レトルト型炉
〔出典：エレクトロヒート応用ハンドブック[14]〕

vi） **台車型トンネル炉**

　長いトンネルのような形状を持ち，天井と両側の壁が耐火れんがなどでライニングされた炉の中を，処理物を載せた台車を連続して送り込む方式で，バッチ式の台車炉を連続化したものに相当する。発熱体は側壁などに設けておく。台車の上部に加熱処理物を積み上げるが，その底部が炉床を兼ねている。炉底には台車を移動させる，レールなどの装置を備えている。この炉は炉長を非常に長く採ることができ，また重量物でも積載できるので，おもに耐火れんが，陶磁器製品などを大量に焼成する場合に利用されているが，細かな温度制御，雰囲気調整などには向いていない。

7.8.2　電極および通電材料

　アーク放電の電極材料として求められていることは，以下のとおりである。

① 電気伝導度が高く，熱伝導性がよく，大電流を取れること
② 膨張率が小さく，高温で機械的な強度や耐熱衝撃性を保てること
③ 不純物が少なく炭素質固有の酸化消耗も少ないこと
④ 被熱物から発生するガスに対して，化学的に侵されないこと
⑤ 成形が容易で安価であること

製鋼のアーク炉などのように使用条件が厳しい場合，黒鉛電極が多く使われる。天然の黒鉛もあるが，普通は黒鉛化炉で製造した人造黒鉛電極である。電極は消耗していくが，状況に応じて新しい電極を上部から下ろしてアーク長を調整する。使用状況が厳しくない場合は，焼成した無定形炭素が使われる。

人造黒鉛の特性は，比抵抗が銅の 1.55×10^{-6} に対し，1×10^{-3} 程度と3桁も電気伝導度が低い。金属に比べると劣るが，それでもかなりの良導体である。熱伝導度は銅の 390 W/(m·K) に対し，130〜150 W/(m·K) とかなり良く，熱膨張係数も小さい。酸，アルカリにも安定で，化学作用にもよく耐える。また昇華温度も 3 367 ℃ と高い。直径 500 mm 程度の太さの電極では 30 kA 程度まで流すことができる。焼成炭素の場合は焼成条件で特性が異なる。

7.8.3　炉材：耐火材（れんが），断熱材（れんが，ウール材）
（1）　ライニングの構成

加熱炉の内部温度は，炉の種類や目標の処理温度などによりさまざまであるが，炉内で一番内側の壁温が最も高い。理由は，その部分が発熱体に面しているからである。この部分の炉材については，高温に耐えることが最も必要な条件である。この一番内側の耐火れんが層の材質や厚みは，さらにその外側に設ける2番目のれんが層の内側の温度が，そのれんがの耐熱温度より低くなるように定めなければならない。さらに三番目のれんが層ではなるべく熱伝導度の低いれんがを用い，炉体の外壁に近い側の温度をできるだけ下げるよう設計する。炉壁のライニングに関しては，想定される炉内壁の最高温度に対して，耐熱性と断熱性の両方を考察しながら，かつコストにも十分な配慮を払いながら検討を行わねばならない。

最外殻の炉材としては，断熱れんがの外側にセラミックファイバー，ロックウールなどの繊維質の材質を貼り付ける場合も多い。炉壁全体の断熱性は，省エネルギーの観点からも重要である。れんが層を厚くすれば，消費エネルギーは低くできるが，れんがの使用量が増え大型化し築炉コストが上昇する。

耐火耐熱性の最も高い層のれんが温度は使用温度 1 300 ～ 1 500 ℃程度，つぎの耐熱兼断熱の層のれんが温度は使用温度 500 ～ 1 500 ℃程度のものが選ばれる。

（2） **炉材に求められる条件**

耐火・耐熱・断熱れんがおよび炉材に要求される特性は，炉壁のどの部分に用いるかによっても異なるが，一般的には以下のようになる。

① 耐熱性が高く，高温下でも強度，化学的安定性，電気絶縁性があること

② 熱伝導度が低いこと

③ 軽量であること

④ 安価であること

（3） **れんがの化学的性質**

れんがはその化学成分によって，大きく**酸性れんが**，**中性れんが**，**塩基性れんが**，その他に分けられる。酸性のものとしてはケイ石質すなわち SiO_2 主体のものや粘土質すなわち Al_2O_3-SiO_2 系のものがほとんどである。中性のものの代表は高 Al_2O_3 質である。塩基性れんがには，MgO 質，MgO-Cr_2O_3（マグ・クロ）質，MgO-CaO（ドロマイト）質などがある。これらは原則的に処理する材料との接触などによる化学反応や耐食の問題がある場合に，最も適した化学特性を示す材質のれんがが選択される。

特殊なれんがとしては，ZrO_2（ジルコニア）質や SiC（炭化ケイ素）質のれんがもあり，もちろん炭素質や黒鉛を炉材に用いる場合も少なくない。

（4） **代表的れんが成分**

炉材としてのれんがでおもに使われるのは高アルミナ質と粘度質（アルミノシリケート系）である。高アルミナ質には高純度質のアルミナ含有量が 99 ～ 86 ％のものに加え，アルミナ成分として 80 ％から 50 ％以上のクラスまで段

階的に多くの種類が揃っている。これらの種類は単にアルミナの含有比率だけではなく，さまざまな機械的性質や耐食性を満たすように含有成分や成形，焼成条件が検討されて製造されている。れんがの種類を検討する場合には，これら各種の特性を勘案して，望ましい特性を持つものを選ぶ必要がある。高アルミナれんがは高温での使用に適していて，耐火度が高く，高温強度，荷重軟化点も高い。耐摩耗性も良く，耐食性も優れているが，熱伝導度が高く，一般的に高コストである。

粘土質のれんがは，アルミナ・シリカ系のものであるが，通常アルミナ成分が50％以下のものを指す。上記の高アルミナ質れんがの利点には及ばないが，耐火性の必要がそれほど高くない部分のライニングとして，十分に利用できる。熱膨張率や熱伝導度は低めで，温度変化にも強い。

7.8.4 電源設備

従来タップ式の変圧器が用いられていたが，連続的に電力を制御するケースが増えたため，サイリスタなど半導体素子利用の電源設備が増えている。この方式で600 A程度まで対応が可能であり，インバータ方式で10 kAのものもある。また直流用では，サイリスタ整流器方式で100 kA，インバータ式では10 kAの設備もある。交流で単相負荷の場合，三相の電流が不安定になるため，三相のバランスを取るよう，3の倍数の炉設備を接続するなど結線の仕方に配慮が必要となる。またアーク炉用は負荷電流の急激な変化や波形の歪みによる瞬間的な電圧の上昇等への，絶縁対応などに注意が必要となる。

7.9　設備の成績評価

7.9.1　炉の処理能力

加熱・乾燥炉の成績は，当初計画していた炉の処理能力と対比して，いろいろな点からの評価が考えられるが，特に目的としていた項目については，以下

に示すような点について詳しく検討することが必要となる。
- ① 処理能力，炉容量：1バッチ当りの原料装填量，生産量〔kg/Batch〕
- ② 処理時間：1バッチ当り所要時間〔h/Batch〕
- ③ 生産（製造）速度：単位時間当りの製品生産量〔kg/h〕
  乾燥目的の場合は除去水分量〔kg-water/h〕
- ④ 稼働率：所定作業時間のうち運転できた時間の割合〔h/h〕または〔%〕
- ⑤ 品質合格率，歩留まり：生産量中合格した量の割合〔kg/kg〕または〔%〕
- ⑥ 立地面積当り生産性：〔kg/(日・m^2)〕または〔kg/(h・m^2)〕

7.9.2 電力原単位・原料（材料）原単位

電力原単位や原料（材料）原単位は以下のとおり表す。
- ① **電力原単位**：単位量の製品製造に必要な電力消費量〔kWh/kg〕
- ② 原料原単位：単位量の製品製造に必要な着目原料の投入量〔kg/kg〕
- ③ 収率：単位量の着目原料中，製品に含まれる量，その比率〔kg/kg〕
- ④ その他：必要に応じ，炉壁放熱量，排ガス持ち去り熱量およびそれらの消費電力量に対する比率など

7.9.3 エネルギー利用効率・熱効率

消費エネルギー中に占める理論エネルギーの割合〔%〕（(kWh/kWh)×100）または（(Joule/Joule)×100）であって，投入エネルギー中どれだけの割合が有効に利用されたかを表す指標。

7.9.4 労務工数・省力化達成率

労務原単位（労務工数）および省力化達成率は以下のとおり表す。
- ① 労務原単位：単位量の製品を製造するのに要した作業者の人数（人/kg）
- ② 省力化：工程変更に伴う配員の減少割合〔%〕（(人／人)×100）

7. 電熱工学の基礎と応用（加熱により生じる物質変化）

演習問題

(7.1) 以下のⅠ群と関係の深いものをⅡ群より選べ。

Ⅰ群：A) エルー炉　B) 揺動式アーク炉　C) クリプトル炉　D) 黒鉛化炉
　　　E) 電子レンジ

Ⅱ群：ア) 直接抵抗炉　イ) 間接抵抗炉　ウ) 直接アーク加熱
　　　エ) 間接アーク加熱　オ) 誘電加熱

(7.2) 以下のⅠ群と関係の深いものをⅡ群より選べ。

Ⅰ群：A) 抵抗加熱炉　B) アーク炉　C) 誘電加熱炉　D) 誘導炉
　　　E) 赤外線加熱

Ⅱ群：ア) 塗料乾燥　イ) 木工品の接着部加熱　ウ) ジュール熱
　　　エ) 金属の表面焼入れ　オ) フリッカ障害

引用・参考文献

1) 日本エレクトロヒートセンター編：エレクトロヒートハンドブック，p.131, 143, オーム社 (2011)
2) 日本工業炉協会編：工業炉用語辞典, 丸善 (1986)
3) 日本エレクトロヒートセンター編：エレクトロヒートハンドブック，p.360, オーム社 (2011)
4) 日本エレクトロヒートセンター編：エレクトロヒートハンドブック，p.275, オーム社 (2011)
5) 日本エレクトロヒートセンター編：エレクトロヒートハンドブック，p.276, オーム社 (2011)
6) 日本エレクトロヒートセンター編：エレクトロヒートハンドブック，p.212, オーム社 (2011)
7) 日本工業炉協会編：工業炉ガイドブック, p.109, 東京テクノセンター (1969)
8) 日本工業炉協会編：工業炉ハンドブック, p.381, 東京テクノセンター (1978)
9) 日本エレクトロヒートセンター編：エレクトロヒートハンドブック，p.137, オーム社 (2011)
10) 日本エレクトロヒートセンター編：エレクトロヒートハンドブック，p.138, オーム社 (2011)

引用・参考文献

11) 日本エレクトロヒートセンター編:エレクトロヒートハンドブック,p.359,オーム社(2011)
12) 日本エレクトロヒートセンター編:エレクトロヒートハンドブック,p.141,オーム社(2011)
13) 日本エレクトロヒートセンター編:エレクトロヒートハンドブック,p.139,オーム社(2011)
14) 日本エレクトロヒートセンター編:エレクトロヒートハンドブック,p.140,オーム社(2011)

第3編 電気化学

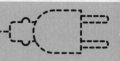

8章 電気と化学

8.1 電気の発見

　電気と化学はじつに密接な関係を持っている。とはいっても，現代に生きるわれわれが，それを意識する機会は少ない。しかし電気について学ぶ者にとって，電気化学は避けて通れない道であることも確かである。それはなぜか？ その答えを得るために，電気と化学の歴史を簡単にひも解くことから始めよう。

　有史以来，人はさまざまなエネルギーを用いてきたが，電気を用いるようになったのは，いつであろうか。電気の発見は紀元前にさかのぼる。古代ギリシア人は，琥珀（コハク，図8.1）を毛皮で擦ると，物を引きつける不思議な力を持つことを発見する。これはいわゆる「静電気の力」であるが，この発見から琥珀を意味する古代ギリシア語の $\eta\lambda\epsilon\kappa\tau\rho o\nu$（エーレクトロン）に由来して，電気＝electricity（エレクトリシティ）という言葉が生まれた。

人類が電気を知るきっかけになった琥珀（コハク）。特に天然の質が良いものは，宝石として扱われる。

図8.1　琥珀のブレスレット〔著者撮影〕

8.2 静　電　気

こうして発見された電気は，それからじつに1 000年以上，特に何の発展もなく単なる不思議な力として扱われていた。そんな静電気を利用しようと考えたのは18世紀になってからである。毛皮に接したガラス筒をハンドルで回し，発生した静電気を取り出す装置，すなわち日本では「エレキテル」として知られる装置（図8.2）が生み出され，これを用いた平賀源内（1728～1780年，日本）の実験は有名である。

箱の裏側のハンドルを回すとガラス筒が回転し，毛皮と擦れて静電気が発生，それを中央のライデン瓶に貯めるしくみ。
図8.2 エレキテルの外観と内部〔複製，津山洋学資料館蔵，著者撮影〕

また発生した静電気を貯め込むライデン瓶（図8.3，一種のコンデンサ）が発明され，電気への関心は増していく。ベンジャミン・フランクリン（Benjamin Franklin, 1705～1790年，アメリカ）は，嵐の中で凧を揚げ，雷雲から凧糸を通じてライデン瓶を帯電させることで，雷が電気による現象であることを証明した。またしかし，その静電気の使い方と言えば，放電を利用した怪しげな治療（実際に効いたかは不明）程度で，お世辞にも科学的な利用方法ではなかった。

8. 電気と化学

ガラス瓶に張った金属箔と瓶内にぶら下げた鎖との間に電荷を貯めるコンデンサ

図8.3 ライデン瓶〔著者撮影〕

8.3 電池の発明

しかし18世紀後半，近代科学の夜明けとともに，この状況は一変する。人々は電池を手にするのである。発明者はアレッサンドロ・ボルタ（Alessandro Volta，1745〜1827年，イタリア）。彼は解剖学者ルイジ・ガルヴァーニ（Luigi Galvani，1737〜1798年，イタリア）が行った奇妙な動物電気の実験に興味を持つ。ガルヴァーニは解剖後に針金で縛ったカエルの脚が窓枠に触れると，死んだはずのカエルの筋肉がピクピクと動くことを発見する。彼は二種類の異なった金属とカエルの脚が触れた際に，この現象が起ることには気がついたのだが，下した結論は「動物の中には電気がやどる」という，今から考えるととんでもないものだった。ガルヴァーニは，それを「動物電気」と名付けるのであるが，もちろん同時代の科学者にも，この説は眉唾ものだと考える者は少なくなかった。その中の一人がボルタであり，彼は動物を用いなくても，二種類の異なる金属と電解質水溶液があれば，電池が作れることを見出した。これこそが人類が手にした実用できる電池，ボルタ電池である。

8.4 電池の初利用

電池が誕生したのは良いが，では何に使ったのか？ なぜボルタ電池は「実用できる電池」と言い切れるのか？ それはボルタ電池を使って，水の電気分

解が行われたからである。ボルタ電池の発明の直後，ウィリアム・ニコルソン（William Nicholson, 1753〜1815年，イギリス）とアンソニー・カーライル（Anthony Carlisle, 1768〜1840年，イギリス）は，この新しい発明を使って，水の電気分解に成功し，水素と酸素を得た。水の直接分解に成功した初の例であり，古代ギリシア・ローマの時代から信じられてきた四大元素説（空気・土・火・水）に終止符を打つことが決定的になった。エレキテルがこれといって優れた使い道が無かったのと対照的に，ボルタ電池は発明直後に，科学的な利用によって，実用性が証明されたのである。ちなみにボルタ電池や水の電気分解は，当時，鎖国状態にある日本にも伝えられ，津山藩医であった宇田川榕菴（1798〜1846年，日本）の著した舎密開宗（図8.4）の中に，いち早く，しかも挿絵つきで紹介されているのはじつに興味深い。

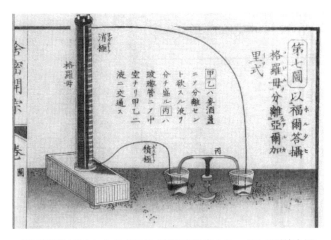

江戸時代に書かれた日本初の本格的化学書より，ボルタ電池を用いた電気分解の図。
図8.4 舎密開宗〔津山洋学資料館蔵，著者撮影〕

8.5 電磁気学の時代へ

化学者ハンフリー・デービー（Humphry Davy, 1778〜1829年，イギリス）が電池を使って，反応性の高いナトリウムやカリウムを初めて単離したこと

は，電池のさらなる有用性を示した一例といえよう。このデービーの下で，研究助手として科学の道に一歩を踏み出したのが，ほかならぬマイケル・ファラデー（Michael Faraday, 1791〜1867年，イギリス）である。彼の業績は多岐にわたるが，つとに有名なのは電気分解や電磁誘導の法則の発見であろう。特に前者は電気と化学反応の間に定量的な関係が成り立つことを示した点で重要である。また後者はジェームズ・マクスウェル（James C. Maxwell, 1831〜1879年，イギリス）によって，マクスウェルの法則に発展し，この法則が今日の電磁気学の基礎であることはいうまでもない。

つまり，電気エネルギーを最初に見出し，それを積極的に研究した人々は化学者であったし，19世紀の物理学者はそこから電磁気学という学問を興し，20世紀の電気の大量消費時代を経て，21世紀に生きるわれわれにいたっては電気のない生活など，とうてい想像もできない。

そこで本編では，電気化学という，化学の目線で見た電気に関わるさまざまな現象を学ぶことにしよう。

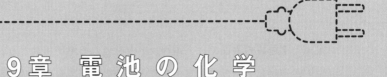

9章 電池の化学

9.1 電池とは何か

　前章で見たように，電気の利用は電池を通して，化学者によって行われた。では，そもそも「電池」とは一体何なのか？　**電池**とは，物質が持っている化学エネルギーを電気エネルギーに変換する化学電池のことを指し，化学変化によって二つの電極間に電位差を生じさせる装置の総称である。一般に化学電池は二つの異なる金属電極（炭素電極も含む）と**電解質**（もしくは電解液）からなり，二つの電極のうち，電位の高い方を**正極**，低い方を**負極**と呼び，いわゆる電池の「プラス・マイナス」に相当する。

　二種類の金属のうち，どちらが正極もしくは負極になるかは金属のイオン化傾向によって決まる。イオン化傾向とは，金属が液体に接するときの陽イオンになる傾向のことで，大きい順に並べた序列を**イオン化列**といい，代表的な金属元素を並べると以下のようになる。

Li, K, Ca, Na, Mg, Al, Zn, Fe(Ⅱ), Ni, Sn(Ⅱ), Pb, Fe(Ⅲ), (H), Cu(Ⅱ), Hg(Ⅰ), Ag, Pt, Au

　この列の左に位置するほど酸化されやすく，逆に右に位置するほど酸化されにくい。よって，電池に用いた二種類の金属のうち，イオン化列の左に位置するほうで酸化反応が起って負極となり，右に位置するほうで還元反応が起って正極となるのである。

　これら正極および負極と電解液の接触面における電極電位の和によって起電力が決まる。中には電解液を二つ用いた電池もあり，その場合は二液の界面に

も液間電位が生じるので，この場合は電極電位と液間電位の和が起電力を決める。

電極と電解質の界面では，電池反応と呼ばれる電荷移動とそれに伴う酸化還元反応が進行しており，電気エネルギーが生み出されるわけであるが，反応の可逆性によって充電できない（不可逆な）一次電池か，充電できる（可逆な）二次電池かが決まる。

9.2 一次電池

一次電池とは，放電過程で進む電池反応が不可逆反応で，一度放電してしまったら元の状態に戻せない，つまり充電できない電池である。例えば負極に亜鉛板，正極に銅板，電解液に硫酸亜鉛水溶液と硫酸銅水溶液を用いたダニエル電池（起電力 約1.1 V，図9.1）は一次電池であり，つぎの形で表す。なお，真ん中の点線は，セパレータ（二つの電解液が混ざり合わないように設けたしきり）を示す。

　　　　（負極－）　$Zn|ZnSO_{4aq}||CuSO_{4aq}|Cu$　（正極＋）

負極では，亜鉛が亜鉛イオンになって溶け出す酸化反応が進み，正極では銅イオンが銅に戻る還元反応が進む。

　　　　（負極）　$Zn \rightarrow Zn^{2+} + 2e^-$

　　　　（正極）　$Cu^{2+} + 2e^- \rightarrow Cu$

全体としての反応は次式で表される酸化還元反応である。

　　　　$Zn + Cu^{2+} \rightarrow Zn^{2+} + Cu$

ここで負極の亜鉛板が溶け出すことで生み出された電子の動きに着目してみよう。その電子 e^- は導線から負荷へと流れ，例えば電球を光らせるなどの仕事をする。さらに導線を伝って正極の銅板に達し，その表面上で銅イオンを還元して銅に戻す。これが電池のしくみなのである。

9.2 一次電池

しかし実際の電池では，端子間の電圧が低下する。つまり電流が流れたときに負極と正極の間の電圧が低下するのであるが，それは電池内部に抵抗があるためと考えてよく，これを電池の**内部抵抗**と呼ぶ。内部抵抗を考慮した上で，電池の電気的挙動を回路図の形で表したものが，**電気的等価回路**（あるいは単に等価回路）である（図9.2）。電圧が低下する原因は複数あるのだが，等価回路では一つの内部抵抗に代表させて表現している。

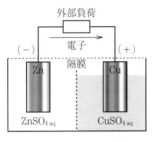 

図9.1 ダニエル電池　　　**図9.2** ダニエル電池の等価回路

どのような電池にも必ず内部抵抗は存在する。内部抵抗の原因としては，反応の遅さ，電解液の抵抗，電極表面を気体などに覆われてしまうことによる反応の阻害などがある。もちろん内部抵抗は小さいに越したことはないが，0（ゼロ）にはできない。これは一次電池の電池反応が不可逆であることの原因の一つである。

ここまで見てきた一次電池，ボルタ電池やダニエル電池は電解液という文字どおり電池に「池」があった。しかし，このような電池は携帯には不便であるし，使い勝手がすこぶる悪い。そこで考案されたのが，負極に亜鉛，正極に酸化マンガン（Ⅳ）と炭素を用いたルクランシェ電池（いわゆるマンガン電池，起電力 約1.5V，図9.3）である。

　　（負極−）　$Zn|ZnCl_{2aq}, NH_4Cl_{aq}|MnO_2, C$　（正極＋）

この電池の画期的な点は電解液に糊などを加えて正極材料の酸化マンガン（Ⅳ）と練り合わせ，漏れないようにしたことだ。つまり「池」が固体状になって「乾いた」ので，乾電池と呼ばれ，現在でも広く用いられている。

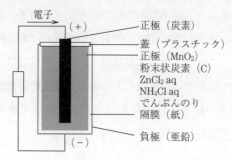

図 9.3 ルクランシェ電池 (マンガン電池) の断面図

電池において電子を授受する物質を**活物質**と呼ぶ。マンガン電池を例にとると，負極の亜鉛は電子を放出して亜鉛イオンになる負極活物質，正極の酸化マンガン (IV) は電子を受け取る正極活物質である。

この電池の電解液を水酸化カリウム水溶液に換え，改良を加えたものがアルカリマンガン電池 (いわゆるアルカリ電池，起電力 約 1.5 V) である。

(負極-)　$Zn|KOH_{aq}|MnO_2$　(正極+)

アルカリ電池はマンガン電池に比べ，単位質量当りの容量が約 5 倍もあり，放電末期でも電圧降下が起りにくく，低温下，特に 0 ℃ 以下での放電特性が優れている。つまり同じ大きさの電池でも，アルカリ電池は格段に長持ちし，環境に左右されにくい安定性を持つといえる。

このように，電池の面白さは，活物質や電解液に用いる物質を変えることで，電圧や容量などを改良することができる点である。

9.3 二次電池

一次電池が充電できない電池であったのに対し，**二次電池**とは，放電過程で進む電池反応が可逆反応で，放電と充電を繰返し行える電池である。例えば，負極に鉛板，正極に酸化鉛 (IV) 板，電解液に希硫酸 (希釈した硫酸) を用いた**鉛蓄電池** (広く自動車用バッテリーなどに用いられる，起電力約 2.0 V，図 9.4) は二次電池であり，つぎの形で表す。

9.3 二 次 電 池

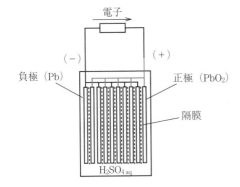

図9.4 鉛蓄電池の断面図（実際はこうしたユニットが連なってバッテリーを構成している）

（負極-）　Pb|H$_2$SO$_{4aq}$|PbO$_2$　（正極+）

放電時，負極では鉛板は硫酸イオンと反応して硫酸鉛（Ⅱ）となる酸化反応が，正極では鉛（Ⅳ）イオンが鉛（Ⅱ）イオンに戻る還元反応が進む。

（負極）　Pb + SO$_4^{2-}$ → PbSO$_4$ + 2e$^-$

（正極）　PbO$_2$ + 4H$^+$ + SO$_4^{2-}$ + 2e$^-$ → PbSO$_4$ + 2H$_2$O

全体としての反応は次式で表される酸化還元反応である。

Pb + PbO$_2$ + 2H$_2$SO$_4$ ⇔ 2PbSO$_4$ + 2H$_2$O

つまり，鉛蓄電池が放電するときは反応が右向きに，逆に充電するときは左向きに進行することになる。

100年以上使われ続けている鉛蓄電池に対して，今世紀に入ってから急速に普及し，モバイル機器用の充放電可能な電池として欠かせないものになっているものに**リチウムイオン電池**（LIB，起電力　約4V，**図9.5**）がある。これま

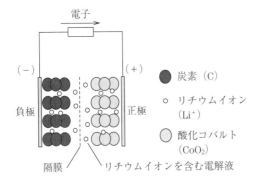

図9.5 リチウムイオン電池（LIB）

で見てきた電池と LIB は動作機構が異なる。すなわち注意すべきは，リチウムイオン電池の電極が両極とも多孔質の固体からできており，それらをリチウムイオンが行き来することで機能する二次電池であることである。負極および正極で起こる電池反応の一例を示すと，以下のようなものである。

負極は C_6Li（充電状態）の組成を持ち，炭素原子6個でリチウム原子1個を保持している。放電する際はリチウム原子が陽イオンになって，電解液に溶け出す右向きの反応が進む。充電の際は逆にリチウムイオンがリチウム原子になって炭素電極に戻る左向きの反応が進む。

$$C_6Li \Leftrightarrow C_6 + Li^+ + e^-$$

他方，正極はコバルト酸リチウム $Li_{0.5}CoO_2$（充電状態）がよく用いられる。放電する際はリチウムイオンが酸化コバルト CoO_2 に入りこんで $LiCoO_2$ なる，右向きの反応が進む。充電の際は逆にリチウムイオンが電解液に溶け出す左向きの反応が進む。

$$2Li_{0.5}CoO_2 + Li^+ + e^- \Leftrightarrow 2LiCoO_2$$

全体としての反応は次式で表される。

$$C_6Li + 2Li_{0.5}CoO_2 \Leftrightarrow C_6 + 2LiCoO_2$$

このようにリチウムイオン電池は，充放電する際に電解液にリチウムイオンが出入りするだけで，出入りするリチウムイオンも最小限に限られるので，非常に効率の良い充放電が行える二次電池といえる。リチウムイオン電池は小型で大容量，急速充電できる点や高い繰り返し特性などが評価され，携帯電話やノートパソコンなどのモバイル機器は言うに及ばず，電気自動車用から家庭用・産業用蓄電池まで広く使用されている（**図9.6**）。

（a）電気自動車用セル　（b）モジュール　　　（c）産業用蓄電池モジュール

図9.6　リチウムイオン電池〔画像提供：GSユアサ〕

9.4 燃料電池

燃料電池の話をする前に，まず水素の燃焼について考えてみよう。水素の燃焼は，酸素が酸化剤，水素（燃料）は還元剤であり，酸化還元反応にほかならない。また，燃焼反応であるから熱エネルギーが放出される。この燃焼で生み出される熱エネルギーなどを電気エネルギーとして取り出す電池があり，これを**燃料電池**（図 9.7）と呼ぶ。

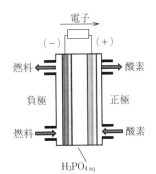

図 9.7 燃料電池の一例

電解液にはリン酸水溶液，電極には白金触媒をメッキした金属メッシュなどが用いられ，負極では水素が水素イオンになる酸化反応が，正極では酸素が還元される還元反応が進む。

(負極) $2H_2 \rightarrow 4H^+ + 4e^-$

(正極) $O_2 + 4H^+ + 4e^- \rightarrow 2H_2O$

全体としての反応は次式で表せ，これはまぎれもなく水素の燃焼の反応式と同じ式で，得られるエネルギーの形態が異なるだけである。

$2H_2 + O_2 \rightarrow 2H_2O$

水素を燃料にした場合，発電で生み出されるのは水のみであるし，都市ガス（主成分：メタン CH_4）を用いた場合でも二酸化炭素 CO_2 の排出量が少ないので，燃料電池は非常にクリーンな電池であるといえる。また発電効率が高いことも，燃料電池の優れた点である。燃料電池で走る自動車からモバイル機器の

電源まで広く用いられる。

また，都市ガスを燃料にした家庭用燃料電池（図9.8）も市販され，一般に普及している。これは発電所で燃料を燃やして熱エネルギーにし，それで水を沸かしタービンを回して電気エネルギーに変換し，さらにそれを送電してようやく家庭で使うのに比べると，家庭で都市ガスから直接電気エネルギーを得て利用する家庭用燃料電池の効率の良さ，環境負荷の少なさは圧倒的である。発電のときに発生する熱も，海や大気中に捨てずにお湯として利用できるため，大幅な省エネルギーが実現可能である。

図9.8　家庭用燃料電池の実例
〔画像提供：東京ガス〕

9.5　太陽電池

これまで見てきた電池は化学エネルギーを電気エネルギーに変換するしくみであり，化学電池であった。それに対し，**太陽電池**は光を受けて電気を生み出す物理電池である。光エネルギーを直接電気エネルギーに変換できることから，クリーンで環境負荷の少ない発電方法として注目を集めている。

一般に利用されているのは無機系太陽電池であり，腕時計や電卓から住宅用太陽電池，また大面積の太陽電池であるソーラーパネルを大量に用いたソーラー発電所まで普及している。これはn型半導体とp型半導体のいわゆる**p-n接合面**に光が吸収されると，電荷分離が起こって電子と正孔（ホール）が生成し，それを集電極に導くことで両極間に起電力が生じるという現象を利用したものである（図9.9）。かつての高価だった結晶系シリコンに代わって，

9.5 太陽電池   127

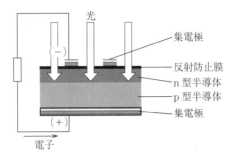

図 9.9   太陽電池の基本構造

比較的安価なアモルファス系シリコンを用いた太陽電池が主流になりつつあり，発電効率は 20 % を超える。

また有機系太陽電池の開発が盛んに行われており，色素増感太陽電池や有機薄膜太陽電池がおもなものである。**色素増感太陽電池**は発明者の名前を冠してグレッツェルセルとも呼ばれ，光触媒として有名な酸化チタン TiO_2 と色素を組み合わせた電荷分離層を有する。まず色素が光エネルギーを吸収して電荷分離を起こし，その電子は酸化チタンに移り，さらに集電極へと伝わる。その電子は外部負荷を経由して対極に移動，電解液中のヨウ素 I_2 を二つのヨウ化物イオン I^- に還元する。ヨウ化物イオンは色素によってまた還元される。これらの一連の流れが繰り返されることで太陽電池として作用する。ここで注目すべきは白色で紫外線領域にしか吸収を持たない酸化チタンの上に，可視光を吸収する色素を吸着させて光エネルギーを効率的に捕えることを可能にした点である。電解液を使用しているなど短所もあるが，低コスト・省エネルギーで製造可能な太陽電池として注目を浴びた。

他方，**有機薄膜太陽電池**は多層型電池（マルチレイヤ型電池，**図 9.10**）をなしている。電荷分離層は，電子供与体（ドナー）である導電性ポリマーのポリチオフェン誘導体，および電子受容体（アクセプター）であるフラーレン誘導体という二種類の有機半導体が，バルクヘテロ接合したものである。バルクヘテロ接合とは，簡単にいえば二つの物質が複雑に組み合った接合面積の大きな状態を指す。光を受けて電子と正孔を生じさせる電荷分離層の正極側には，

128 9. 電池の化学

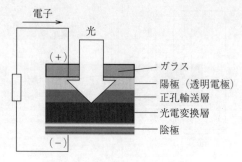

図 9.10　有機薄膜太陽電池の多層構造

正孔を正極に受け渡す正孔輸送層として導電性ポリマーのポリエチレンジオキシチオフェン（PEDOT-PSS）が存在している（**図 9.11**）。正極の ITO ガラスは透明電極として液晶表示素子やタッチパネルなどに多用されるインジウム-スズ酸化物がコーティングされたガラス板である。また負極はアルミニウムなどの金属が使用される。

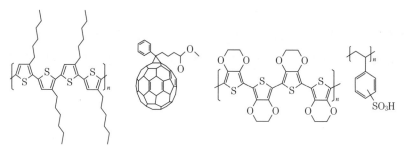

（a）　電子供与体：ポリチオフェン誘導体(P3HT)　（b）　電子受容体：フラーレン誘導体（PCBM）　（c）　正孔輸送層：ポリエチレンジオキシチオフェン（PEDOT-PSS）

図 9.11　有機薄膜太陽電池に用いられる物質

近年開発された**ペロブスカイト型有機薄膜電池**は色素増感太陽電池と有機薄膜太陽電池の長所を上手くハイブリッドした太陽電池である。すでに 20 % 以上の発電効率を達成して注目を浴びており，無機系太陽電池の発電効率に迫る勢いである。

こうして電荷分離層・電子輸送層・正孔輸送層に用いる物質を変えることにより，仕事関数的に有利な組合せを見出したり，キャリヤ移動度を高めたりし

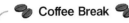

有機 EL 素子

本章では光エネルギーを電気エネルギーに変換する有機系太陽電池に言及しましたが,近年普及しつつある有機 EL 素子は,電気エネルギーを光エネルギーに変換するデバイスであり,まさに有機系太陽電池と裏表の関係にあります。

構造もほとんど同様の構造で,陰極と陽極に間に,発光層,電子注入・輸送層,正孔注入・輸送層を挟みこんだ多層構造です(図1)。

各層に用いられる有機化合物(図2)には,低分子系の電子注入・輸送層であるトリス(キノリノラト)アルミニウム(Alq$_3$)や正孔注

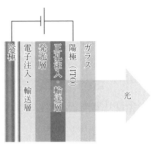

図1 有機 EL 素子の基本構造

入・輸送層のナフチルフェニルビフェニルジアミン(NPD),高分子系の発光層であるポリ(メトキシエチルヘキシルオキシフェニレンビニレン)(MEH-PPV)や正孔注入・輸送層のポリエチレンジオキシチオフェン(PEDOT-PSS)など,発達したπ共役系を持った物質が挙げられます。もちろん,ここに挙げた物質

(a) 電子注入・輸送層:Alq$_3$　　(b) 正孔注入・輸送層:α-NPD　　(c) 発光層:MEH-PPV

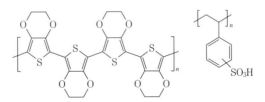

(d) 正孔注入・輸送層:PEDOT-PSS

図2 有機 EL 素子に用いられる代表的な有機化合物

> は最も一般的な例であり，各層に用いる物質を工夫することで発光効率や，特に発光層については発光色を変えることもできます。
>
> 　有機系太陽電池同様，薄く軽く柔軟性に富み，製造工程に印刷技術などを応用できるなどの利点があり，超薄型のフレキシブルディスプレイや，天井や壁の全体が発光する面照明として開発が進んでいます。エネルギー的な観点から見ても，バックライトの光を液晶やフィルターで遮って表示している液晶ディスプレイと比べ，有機 EL ディスプレイは発光物質そのものが光るので，優れているといえます。

て，発電効率や素子寿命など性能を改善することができるのが，有機系太陽電池研究の面白さである。

　有機系太陽電池の多くはどれも薄く軽く柔軟性に富んでいる。また製造工程に印刷技術などを応用する（**プリンタブルエレクトロニクス**といわれる）ことで安価に製造できるなど多くの利点を持つ。従来，無機系太陽電池の半分程度であった発電効率も劇的に上昇し始めた。これからの太陽電池として注目に値する。

|演習問題|

(9.1)　活物質や電解液を工夫して，電圧や容量を改善した一次電池の例を挙げ，その利点を説明せよ（書籍やインターネットで調べてよい）。

(9.2)　一般に普及している二次電池にニッケルカドミウム電池とニッケル水素電池がある。後者は前者に比べ，約 2 倍もの容量を持つという利点を有するが，なぜそのようなことが可能になったのか，化学的に説明せよ（書籍やインターネットで調べてよい）。

(9.3)　つぎの文章は，電池に関する記述である。文中の（　　　）に当てはまる最も適切な語句または数値を答えなさい。ただし，リチウムの原子量は 6.94，亜鉛の原子量は 65.4 とする。

　電池には一次電池と二次電池がある。このうち充電しない一次電池の代表はマンガン乾電池である。近年では，一次電池にもエネルギー密度の高いリチウムを利用した電池が数多く利用されるようになってきた。このリ

チウム一次電池では金属リチウムが負極として利用され，そこでは金属リチウムが（　1　）され，リチウムイオンとなる．マンガン乾電池では負極に亜鉛が利用される．負極の単位質量当りで比べると，得られるリチウム一次電池とマンガン乾電池での電気量比は，リチウム/亜鉛で（　2　）倍となる．すなわち，リチウム電池が圧倒的に大きな電気量が得られることになる．リチウムは金属の中でも酸化還元電位が最も卑な金属である．したがって，正極に酸化マンガンを利用するリチウム電池は，マンガン乾電池公称電圧の（　3　）〔V〕に比べて高い電圧が得られる．電解液としては水溶液を用いることはできないので，炭酸プロピレン（プロピレンカーボネート）のような（　4　）溶媒に過塩素酸リチウムを加えたものが多く利用されている．

マンガン乾電池では電解液として塩化アンモニウム，水酸化カリウムなどの水溶液が用いられる．ここで亜鉛は水素に比べると（　5　）の大きいことが，電圧を決めるとともに，亜鉛負極の腐食問題に大きく関係している．（平成21年　第一種電気主任技術者試験　機械科目　問6より引用，一部改変）

(9.4)　つぎの文章は，鉛蓄電池に関する記述である．文中の（　　　）に当てはまる最も適切なものを解答群の中から選びなさい．

鉛蓄電池は1859年，フランスのプランテの発明による二次電池で，150年以上の歴史を持ち，自動車の始動用をはじめ，多くのところで利用されている．

鉛蓄電池の（　1　）としては酸化鉛が用いられ，硫酸水溶液が電解液として用いられる．ここでの放電反応は次式で表される．

$$PbO_2 + 2H_2SO_4 + Pb \rightarrow 2PbSO_4 + 2H_2O$$

この電池で得られる理論電気量はファラデーの法則に従うが，ここではファラデー定数が重要な因子である．この定数として一般に96 500〔C/mol〕が用いられるが，二次電池の分野では電気量を〔A·h〕で表すことも多く，ファラデー定数をこの単位で表すと（　2　）〔A·h/mol〕

となる。鉛蓄電池の電圧は水溶液を用いる電池として最も高く，公称電圧は（　3　）〔V〕である。この電圧は水の理論分解電圧よりも高く，（　4　）が大きいことが一つの理由となっている。鉛蓄電池の放電の状態を知るために電池電圧を測る方法のほかに，電解液の（　5　）を測る方法も利用されている。この（　5　）が小さいときには，電池の放電が進んでいると判断できる。（平成26年　第二種電気主任技術者試験　機械科目　問7より引用，一部改変）

［解答群］

(イ) 2.0　　　　　(ロ) 熱伝導度　　(ハ) 1.2　　　　(ニ) 1.5
(ホ) 正極活物質　　(ヘ) 抵抗　　　　(ト) 268　　　　(チ) 比重
(リ) サイクル寿命　(ヌ) 負極活物質　(ル) 電解質　　　(ヲ) 放電特性
(ワ) 自己放電　　　(カ) 26.8　　　　(ヨ) 2.68

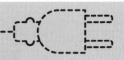

10章 電気化学のさまざまな応用

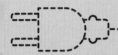

10.1 電解めっき

電解めっきは，電気分解を応用した技術の最たるものである。では，電気分解とは何か，その解説から，話を始めよう。

水酸化ナトリウム水溶液に白金や炭素の電極を入れ，1.23 V 以上の電圧を印加するとつぎの反応が起る。

$$2H_2 + O_2 \rightarrow 2H_2O$$

いわゆる「水の電気分解」であり，陰極に水素，陽極に酸素が発生する（**図 10.1**）。この反応は中学生でも知っている，ありきたりの化学反応に見えるが，じつはそうではない。この反応そのものは，自然界では起こりえないのである。すなわち電気の助けを借りて，初めて起こる反応であり，電気エネルギーがいかに有用であるかということをわれわれに教えてくれる。ここで外部電源が内部抵抗を持たない理想的な電源と考えると，電気的等価回路はつぎのように描ける。（**図 10.2**）

水に限らず，あらゆる物質について自然界では起らない酸化還元反応を電気エネルギーを利用して行うことを**電気分解**（略して電解）という。必ずしも分解するだけではなく，後述のように電気エネルギーを使って物質を合成することもできるので，**電気化学反応**というほうが正しいのではあるが，ここでは電気分解ということで，話を進めることにする。

電気分解において，何が反応するかは，重要な問題である。端的にいってし

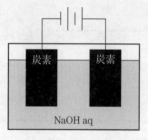
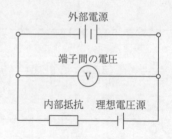

図 10.1 水の電気分解　　図 10.2 電気分解セルの等価回路

まえば，溶質や溶媒だけでなく，電極も含めた物質のうち，最も還元されやすい物質が還元され，最も酸化されやすい物質が酸化される。水溶液を電気分解することが多いことから，溶媒である水を基準に考えると分かりよい。

陰極から電子を受け取る還元反応では，水よりも還元されやすい銅イオンや銀イオンが存在する場合，それぞれ銅や銀に還元され，電極に析出する。

$$Cu^{2+} + 2e^- \rightarrow Cu$$

$$Ag^+ + e^- \rightarrow Ag$$

水よりも還元されやすい銅イオンや銀イオンが存在しない場合は，溶媒である水が反応し，陰極から水素が発生する。水溶液が強酸性（pH 2 未満）の場合とそれ以外（pH 2 以上）の場合で反応が異なり，以下のようになる。

$$2H^+ + 2e^- \rightarrow H_2 \quad （pH 2 未満の水溶液）$$

$$2H_2O + 2e^- \rightarrow H_2 + 2OH^- \quad （pH 2 以上の水溶液）$$

他方，**陽極**に電子を奪われ酸化反応では，水よりも酸化されやすい銅や銀を電極に用いた場合，それぞれ銅イオンや銀イオンに酸化され，電極が溶出する。

$$Cu \rightarrow Cu^{2+} + 2e^-$$

$$Ag \rightarrow Ag^+ + e^-$$

また水溶液中に水よりも酸化されやすいハロゲンイオン（塩化物イオン，臭化物イオン，ヨウ化物イオン）が存在する場合も，それぞれハロゲン（塩素・臭素・ヨウ素）に酸化される。

$$2X^- \rightarrow X_2 + 2e^- \quad （X = Cl, Br, I）$$

ただし，これらのイオンの濃度が極めて希薄な場合は，溶媒の水が反応することに注意したい。

水よりも酸化されやすい銅や銀，ハロゲンイオンが存在しない場合は，溶媒である水が反応し，陽極から酸素が発生する。水溶液が強塩基性（pH 12 以上）の場合とそれ以外（pH 12 未満）の場合で反応が異なり，以下のようになる。

$2H_2O \rightarrow O_2 + 4H^+ + 4e^-$ （pH 12 未満の水溶液）

$4OH^- \rightarrow O_2 + 2H_2O + 4e^-$ （pH 12 以上の水溶液）

最後に水に比べて酸化・還元ともにされにくい，以下に挙げる電極やイオンは水溶液中ではまず反応しないと考えてよい。

電極　　炭素（C），白金（Pt）

陽イオン　　リチウムイオン Li^+，ナトリウムイオン Na^+，カリウムイオン K^+，マグネシウムイオン Mg^{2+}，カルシウムイオン Ca^{2+}，アルミニウムイオン Al^{3+}

陰イオン　　硫酸イオン SO_4^{2-}，硝酸イオン NO_3^-，過塩素酸イオン ClO_4^-

以上をもとに，白金電極（Pt）を用いた硫酸銅水溶液（$CuSO_{4aq}$）の電気分解について考えてみよう。（**図 10.3**）

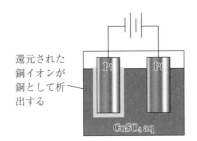

図 10.3　白金電極を用いた硫酸銅水溶液の電気分解

白金電極（Pt）と水溶液中の硫酸イオン（SO_4^{2-}）は水よりも酸化も還元もされにくいので，反応しない。残った銅イオン（Cu^{2+}）と溶媒の水（H_2O）のうち，還元されやすい銅イオンが陰極で還元され析出し，陽極では水が酸化され酸素が発生する。

（陰極）　$Cu^{2+} + 2e^- \rightarrow Cu$

（陽極）　$2H_2O \rightarrow O_2 + 4H^+ + 4e^-$

10. 電気化学のさまざまな応用

このとき、陰極には金属の銅が析出し付着するので、電気分解の後には電極の質量が増加することになる。

前置きが長くなったが、いよいよ電解めっきの話に入る。**電解めっき**とは電気分解を利用して、金属の表面におもに貴金属である金や銀を析出・付着させ、薄膜を形成する技術のことである。

銅の表面に銀メッキを施す例をみると、陰極にめっきされる側の銅 Cu、陽極にめっきする側の銀 Ag、水溶液には硝酸銀水溶液 $AgNO_{3aq}$ を使用する（図10.4）。

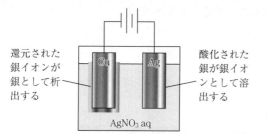

図10.4 銀めっき

陰極では銀イオンが銀に還元されて析出し、銅の表面を覆う。陽極では銀が銀イオンに酸化され、水溶液中に溶出して、銀めっきの原料になる銀イオンを供給する。

（陰極） $Ag^+ + e^- \rightarrow Ag$

（陽極） $Ag \rightarrow Ag^+ + e^-$

これが銀めっきの基本原理であり、金属を変えることでさまざまな金属のめっきが可能である。電解めっきが可能なのは、金属など電気を導く素材に限られるが、化学反応で金属イオンを金属に還元して表面に付着させる無電解めっきという技術も存在し、プラスチックなどの絶縁体のめっきに利用されている。

めっきが電気の分野で重要なのは、酸化されやすい金属の表面を酸化されにくい金属で被覆して、さびて導電性が低下するのを防ぐのに用いられている。オーディオ電化製品のプラグやジャックが金めっきされているのも、この理由である。

このように物質の移動や変化を考えることは，現象を化学的に理解する上で，非常に重要なことである。

10.2 電解精錬

電解めっきと並んで電気分解を用いた工業技術の代表例に**電解精錬**がある。精錬とは，不純物を含む金属から不純物を取り除いて，金属の純度を高める操作のことである。

その原理を銅の電解精錬を例に見ていこう。銅の電解精錬では陰極に純銅，陽極に不純物を含む粗銅，水溶液には硫酸銅水溶液 $CuSO_{4aq}$ を使用する（図10.5）。

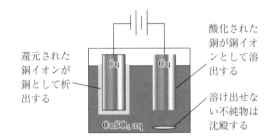

図10.5 銅の電解精錬

陰極では銅イオンが銅に還元されて析出し，純銅の表面を覆う。

陰極　$Cu^{2+} + 2e^- \rightarrow Cu$

陽極では粗銅が銅イオンに酸化され，水溶液に溶出する。このとき，不純物として粗銅に含まれている微量の金属も水溶液中に溶出するか，酸化されずに電極の下に金属として析出して除かれる。

陽極　$Cu \rightarrow Cu^{2+} + 2e^-$

こうして水溶液に存在する陽イオンは圧倒的に銅イオンとなり，銅イオンのみが陰極で還元されて銅が析出することで，粗銅から不純物が除かれて純粋な銅へと精錬されるわけである。

電解精錬が電気の分野で重要なのは，電線に多く用いられる高純度の銅線がこの方法で製造されるからである。

10.3 ファラデーの電気分解の法則

ここまで見てきた電気分解（電気化学反応）について，重要なことは流す電流 I 〔A〕の大きさと時間 t 〔s〕によって化学反応が制御できることである。それを可能にする物質量〔mol〕と電気量〔C〕の変化の関係性を示したのが**ファラデーの電気分解の法則**である。電子 1 mol に相当する電気量（絶対値）を**ファラデー定数** F 〔C/mol〕という。電気量は 1 秒当り電流 1 A が流れたとき 1 C であるから，I 〔A〕の電流が t 〔s〕流れたときの電気量は $I \times t$ 〔C〕で表される。これらを組み合わせると，以下の式が成り立つ。

$$I \text{〔A〕} \times t \text{〔s〕} = n \text{〔mol〕} \times F \text{〔C/mol〕}$$

ファラデー定数は，電子一つの電気量（絶対値）とアボガドロ数から計算でき，$F = 9.65 \times 10^4$ C/mol である。したがって

$$I \text{〔A〕} \times t \text{〔s〕} = n \text{〔mol〕} \times 9.65 \times 10^4 \text{〔C/mol〕}$$

となり，電気化学反応で生成する物質の物質量 n 〔mol〕が決まるため，電流 I 〔A〕と時間 t 〔s〕を制御することで，化学反応を制御できるというわけである。とはいってみたものの，まだしっくりこないかもしれない。そこで，銅の電解精錬を例にファラデーの法則を実際に使ってみよう。

前述のように，銅の電解精錬では陰極に純銅，陽極に不純物を含む粗銅，水溶液には硫酸銅水溶液 $CuSO_{4aq}$ を使用する（図 10.3）。両極で起こる電解反応は以下のとおりである。

（陰極） $Cu^{2+} + 2e^- \rightarrow Cu$

（陽極） $Cu \rightarrow Cu^{2+} + 2e^-$

例えば，5.0 A の電流を流して 0.10 mol（約 6.4 g）の純銅を得たい場合，どれだけの時間，電流を流せば良いだろうか。陰極の反応式をみると，純銅 0.10 mol を得るには電子 0.20 mol を要するから，ファラデーの法則により，計算式は以下のようになる。

$$5.0 \text{〔A〕} \times t \text{〔s〕} = 0.20 \text{〔mol〕} \times 9.65 \times 10^4 \text{〔C/mol〕}$$

これを時間 t について解いて，必要な時間は 3 860 秒となる．分に換算してみると約 64 分，つまり 1 時間少々の電気分解を行えばよいと判明する．

10.4　電気化学合成

　電気分解という言葉から，電気分解とは分解反応であると捉えがちであるが，じつはそうではない．電気分解，すなわち電気化学反応を利用すると，さまざまな物質を合成することができる．

　8 章で紹介した，反応性の高いナトリウムやカリウムの単離は，塩化ナトリウムや塩化カリウムなどのアルカリ金属を高温に熱して融解し，その融解塩に電極を挿入して電気分解を行うことで，単体ナトリウムや単体カリウムを得ている．これは確かに分解反応である．

　他方，工業的には塩化ナトリウム水溶液を**隔膜法**という方法で電気分解して，塩素と水酸化ナトリウムを得ている．陽極には炭素を用い，塩化物イオンを酸化して塩素をつくる．また陰極には鉄を用い，水の還元反応を進め，水酸化物イオンに富んだ溶液をつくる．

$$2Cl^- \rightarrow Cl_2 + 2e^-$$

$$2H_2O + 2e^- \rightarrow H_2 + 2OH^-$$

重要なのは，隔膜を用いて塩素や塩化ナトリウム水溶液と，水酸化ナトリウム水溶液との接触を防ぎ，両者が混同あるいは反応してしまうのを防いでいる点である．

　こうして得られた塩素はポリ塩化ビニルやポリ塩化ビニリデンなどのプラスチックや医薬・農薬の原材料として，広く用いられる．水酸化ナトリウムもまた石ケンをはじめとする日用品はもとより，もっとも基本的な物質として今日の化学工業には欠くことのできない物質である．

10.5 電気化学重合

電気化学反応で合成できる物質は無機物質だけに限らない.例えば,ピロールという芳香族有機化合物を塩化ナトリウム水溶液に溶かし,電極を入れて電流を流すと,陽極でピロールの酸化反応が起こり,ポリピロールという**導電性ポリマー**が合成できる.

電気化学重合(**電解重合**)と呼ばれ,導電性ポリマーの代表的な合成法の一つである.ピロールはいわゆるモノマー(単量体)に相当し,それが重合してポリピロールというポリマー(高分子)ができる(図10.6).塩化ナトリウムの役割は,両極間に電流を流れやすくするための**支持電解質**と呼ばれるものである.

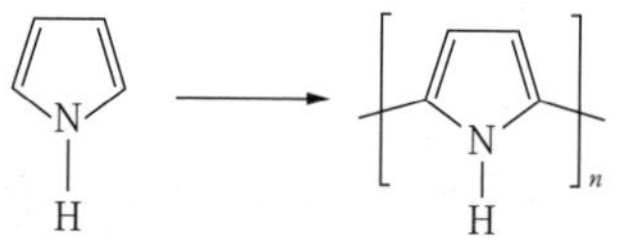

図10.6 ポリピロールの合成

この際,ファラデーの法則に従って,合成されるポリピロールの物質量は両極間に流れる電流と時間に比例する.したがって,電気化学重合の利点は,合成するポリマー薄膜の膜厚などの性質を電流と時間で制御できる点にある.

こうして合成されるポリピロールは固体電解コンデンサやポリマー電池などに応用され,モバイル機器の小型化・軽量化・高機能化を可能にした.

10.6 電気化学を学ぶために

本章では,化学と電気の深い関係について述べてきた.化学とは物質の性質を探り,その賢い利用法や製造法を考える学問である.新薬や新素材を開発し,今日の便利で豊かな生活に貢献している.今,電気と化学の接点である電

10.6 電気化学を学ぶために

気化学の初歩を学んだ諸君には製品の開発や改良，環境やエネルギーといった問題に取り組む際に，材料や製法を化学の視点から考えることをおすすめしたい。きっと化学は有用なヒントを与えてくれるに違いない。

☕ Coffee Break

導電性ポリマー

プラスチック（高分子，ポリマー）は20世紀最大の発明の一つです。ポリエチレンやポリプロピレン，ポリスチレン，ナイロンなど生活の中にはポリマー製品があふれていますが，これらの汎用ポリマーは電気を通しません。それまで絶縁体と考えられてきたポリマーであるにも関わらず，半導体〜導体の電気伝導度を有するのが導電性ポリマーです。最初に人類初の導電性ポリマーはポリアセチレン（PA）であり，その薄膜はまるで金属箔のような金属光沢を放っています。（図1）

図1 導電性ポリマーであるポリアセチレン薄膜

ポリアセチレン薄膜は白川英樹，A.J.ヒーガー，A.マクダイアミッドらによって見出され，その後，さまざまな導電性ポリマーが開発されました。（図2）そして従来のポリマーは絶縁体であるという常識を覆しました。この発明に対しては，2000年ノーベル化学賞が授与されています。

図2 さまざまな導電性ポリマー

電気化学重合で取り上げたポリピロールのほかにも，帯電防止フィルムなどに用いられるポリアニリン（PAn），有機薄膜太陽電池の光電変換層に用いられるポリチオフェン（PTh）誘導体，高分子有機EL素子の発光層に用いられるポリフェニレンビニレン（PPV，発光色・橙色）誘導体やポリフルオレン誘導体（PF，発光色・水色），両者の正孔注入・輸送層に用いられるポリエチレンジオキシチオフェン（PEDOT）などがあります。これらの多くは官能基で化学的に修飾することにより，溶解性などの加工性を改善したり，導電性や光電変換効率などの機能性を向上させたりすることが可能で，つねに研究開発が続いています。

　このことは今日の電子工学に大きな影響を与え，有機エレクトロニクスという分野も生み出しています。これから電気・電子工学を目指す諸君には，新しい電子材料を生み出す基礎知識として，是非とも有機化学に親しんでもらい，より深い知識を身につけてほしいと願っています。

演習問題

(10.1) 銀めっきの際，陰極および陽極の質量は反応前後でどう変化するか，答えよ。

(10.2) 白金電極を用いて硝酸銀水溶液$AgNO_{3aq}$を電気分解する場合を考える。
① 陰極および陽極で起こる反応をそれぞれ化学反応式で表せ。
② 電気分解の前後で陰極および陽極の質量の変化はどうなるか，答えよ。
③ 電流2.0Aを16分5秒流して電気分解した場合，陰極には銀が何g析出するか計算せよ。ただし，銀の原子量を108とする。
④ 陽極では気体が発生するが，その体積は標準状態で何mLか，計算せよ。ただし，標準状態における気体の体積は22.4Lである。

(10.3) つぎの文章は，電気めっきに関する記述である。
　金属塩の溶液を電気分解すると（　ア　）に純度の高い金属が析出する。この現象を電着と呼び，めっきなどに利用されている。ニッケルめっきでは，硫酸ニッケルの溶液にニッケル板（　イ　）と，めっき施す金属板（　ア　）とを入れて通電する。硫酸ニッケルの溶液は，

ニッケルイオン（　ウ　）と硫酸イオン（　エ　）とに電離し，ニッケルイオンがめっきを施す金属板表面で電子を（　オ　）金属ニッケルとなり，金属板表面に析出する。めっきは金属製品の装飾のほか，金属材料の耐食性や耐摩耗性を高める目的で利用されている。

　上記の記述中の空白箇所（ア），（イ），（ウ），（エ）および（オ）に当てはまる組合せとして，正しいものをつぎの（1）〜（5）のうちから一つ選べ。(平成25年　第三種電気主任技術者試験　機械科目　問12より引用，一部改変)

(1)　（ア）：陽極　（イ）：陰極　（ウ）：負イオン　（エ）：正イオン
　　　（オ）：放出して
(2)　（ア）：陰極　（イ）：陽極　（ウ）：正イオン　（エ）：負イオン
　　　（オ）：受け取って
(3)　（ア）：陽極　（イ）：陰極　（ウ）：正イオン　（エ）：負イオン
　　　（オ）：受け取って
(4)　（ア）：陰極　（イ）：陽極　（ウ）：負イオン　（エ）：正イオン
　　　（オ）：受け取って
(5)　（ア）：陽極　（イ）：陰極　（ウ）：正イオン　（エ）：負イオン
　　　（オ）：放出して

参考文献：より深く学びたい人のために

　本章では書面の都合上，おもに基礎的な事項と新しい内容に絞って，できるだけわかりよい解説に努めた。より深く学びたい学生諸君のために，筆者も学び，また執筆の参考にした書をいくつか紹介したい。

(1)　物質量（モル）や反応式など化学の基礎は高校化学の教科書が最もわかりよい。
(2)　専門的な電気化学を原理から扱った本
　　　石原顕光，太田健一郎：原理からとらえる電気化学，裳華房（2006）
　　　渡辺　正，中林誠一郎：電子移動の化学—電気化学入門，朝倉書店（1996）
(3)　電気化学の基礎と実験法・測定法について詳しい本

10. 電気化学のさまざまな応用

藤嶋　昭, 相澤益男, 井上　徹：電気化学測定法（上・下），技報堂出版（上下ともに1984）

電気化学会編：電気化学測定マニュアル（基礎編・実践編），丸善（いずれも2002）

（4）本文やコラムで取り扱ったトピックスのわかりよい解説記事としてシグマ・アルドリッチジャパンのウェブページからPDFファイルが無料ダウンロードできる。

http://www.sigmaaldrich.com/japan/materialscience/catalog.html

『材料科学の基礎』

　第1号「有機EL素子の基礎およびその作製技術」（八尋正幸，安達千波矢著）

　第2号「燃料電池の基礎とその評価手法」（雨澤浩史，宇根本篤，川田達也著）

　第4号「有機薄膜太陽電池の基礎」（松尾　豊著）

　第6号「有機トランジスタの基礎」（八尋正幸，加藤拓司，池田征明，安田琢麿，中野谷一，松波成行，安達千波矢著）

　第8号「導電性高分子の基礎」（白川英樹，廣木一亮著）

『Material Matters（日本語版）』

　Vol.4 No.3「有機および分子エレクトロニクス」

　Vol.6 No.1「ナノパターニングおよびリソグラフィ技術」

　Vol.7 No.1「最先端有機電子デバイス材料」

　Vol.7 No.4「ナノ材料：エネルギー変換・貯蔵技術への応用」

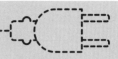

第4編　エネルギー環境

11章　環境とエネルギーのつながり

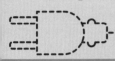

　環境問題，特に国境を越えて影響が及ぶグローバルな環境問題はエネルギー消費と不可分に結びついている．本章では，この両者のつながりを数値を使って理解する．

　まず，11.1節で**公害**とグローバルな**環境問題**に触れ，11.2節でエネルギーを測る単位について整理し，11.3節では人類のエネルギー消費の増加が及ぼしてきた変化をたどる．次いで11.4節ではわが国のエネルギー消費量の推移を見て，その大きな量を表現するのに**一人当り1日当りのキロワット時**〔kWh/人/日〕を使えば日々の実感と合うこと，そこでこれを **Mk** と表して12章以降で用いることに言及する．

　11.5節では人類が大量にエネルギーを消費した結果起こってきた環境問題に触れる．このままでは環境が悪化し，また利用可能なエネルギーが枯渇してしまう．その結果，「われわれの種**ホモサピエンス**が現れて20万年経って大ブレークスルーのはずだった産業革命によって，それから300年足らずでわれわれの文明が滅びた」となる危機感を共有しよう．他方，この危機を打開するのに，電力・エネルギーについて産業革命に匹敵する技術革新の場が提供されていると見ることもできる．

11.1　公害から環境問題へ

　18世紀末にイギリスで**産業革命**が起こり，それまで人畜力やせいぜい小規模火力，水力や風力でしか行えなかった作業が，蒸気機関を用いて大規模に行

えるようになった。その蒸気機関を動かすのにエネルギーが必要であるが、そのための石炭掘削も蒸気機関を用いてきわめて効率よく行えるようになった。

当初の紡績工業から始まって、家庭の便利な暖房、さらには19世紀になると移動のための鉄道など新しいエネルギー利用法が次々に発明されていった。その後石油の開発も進み、20世紀になるとそれを使った自動車や航空機も大規模に利用されるようになり、人間の活動範囲は急速に拡大していった。

他方、この負の結果として19世紀にはすでに、石炭暖房によるロンドンのスモッグなど深刻な大気汚染を引き起こした。20世紀に入ると、大規模な鉱山開発による鉱害、一部の化学工業からの排気や排水による汚染も頻発するようになった。これらは**公害**と呼ばれるようになるが、ここでは被害者と加害者は別のことが多く、また地域的にも限られていた（その点から**ローカル**（**local**）と呼ばれる）。多くの先進国では、公害の原因がわかると対策を講じて、その多くが克服されていった。

一方、20世紀半ばから顕在化した環境問題は、酸性雨や地球温暖化などを見れば明らかなように、大部分がエネルギーの過大消費に基づくもので、その意味で加害者が同時に被害者であり、影響の及ぶ範囲が広く、場合によっては地球全体に及ぶ（その点から**グローバル**（**global**）と呼ばれる）。人間が今のようにエネルギーを使い続け、そのエネルギー源が現状から大きく変わらなければ、このような環境問題の結果、人類を含む生態系にとって今世紀半ば以降には取返しがつかない状況に至ると危惧されている。

以下の節では、このような事情を詳しく見てみよう。

11.2 エネルギーとは、それを測る単位

エネルギーとは「仕事をする能力」のことである。ここでいう**仕事**は家庭内での人力、電気力、ガスを使って行わせるもの、車や航空機による移動などに加えて、太陽光や風などが行うものも含む。そのようなエネルギーは、物体の運動エネルギーと位置エネルギーの和である**力学的エネルギー**、石炭・石油・

11.2 エネルギーとは，それを測る単位

天然ガスなどに含まれる**化学的エネルギー**，物質に温度の形で含まれる**熱エネルギー**，原子核に含まれる**核エネルギー**，電気器具を動かす**電気エネルギー**など，多彩な形を取る。

このようなエネルギーについて最も大事な法則は**エネルギー保存の法則**と呼ばれる。これは永年の経験を集大成したもので，「エネルギーは消えたり新しく現れたりすることは決してなく，ただいろいろな形の間で姿を変えるだけ」と表される。そこで，上記のようないろいろな形のエネルギー間を効率100 %で変換したときの共通の単位が必要になる。

国際単位系（**SI**）ではそれはジュール〔J〕である。1 J とは，「1 ニュートン〔N〕の力で1メートル〔m〕を移動させるエネルギー」と定義される。これではあまり実感が湧かないが，1 cc の水の温度を1 ℃上げるのに必要な熱量 1 cal = 4.2 J からわかるように，1 J は小さなエネルギー量である。

ある時間内に使ったエネルギー量を表すのは**パワー**（**仕事率**）である。SI 単位では，1秒間に1 J を使うときのパワーを1 ワット〔W〕としている。1 kWh（1 キロワット時）は1 000 W を1時間使ったときのエネルギーなので，$(1\,000) \times (60 \times 60) = 3.6 \times 10^6$ J である。家庭の中型空調機のパワーが1 kW 程度であるから，1 kWh はそれを1時間使ったときのエネルギー量である。その1 kWh の電気料金が約25円であることを思えば，1 J $\{1/(3.6 \times 10^6) = 2.8 \times 10^{-7}$ kWh$\}$がいかに小さなエネルギーであるか，言い換えれば現在のエネルギー価格がいかに安いかがわかる。

☕ Coffee Break ☕

エネルギー関連の単位に登場する人たち

エネルギーを使って仕事をさせる際に最も大事な物理量は，本文に述べたように「力」「エネルギー」「パワー」の三つです。これらを数値で表すときのSI単位は，それぞれ「ニュートン〔N〕」「ジュール〔J〕」「ワット〔W〕」で，いずれもイギリスの物理学者ないし工学者であるのは，そこが産業革命の発祥地であることを思えば当然です。

ニュートン（**Sir Isaac Newton**，1642～1727年）は力学を創始し，またその

ための解析手段である微積分学も初めて使いました。後者は現在の理工学のどの分野でも必須の道具ですから，現代科学の創始者ともいえる偉大な存在です。他方，錬金術の熱心な追求者としても知られ，また微積分学の創始者の地位をドイツのライプニッツと争い，王立協会でのライバルであったフックの業績を抹殺するなど，特異な性格でも知られています。

ジュール（**James Prescott Joule**, 1818～1889年）は熱の仕事等量（1 cal = 4.2 J）を初めて示して，「エネルギー量は不変で姿を変えるだけ」という熱力学の第一法則の基礎を作ったことで知られています。熱の仕事等量を求めるための，滑車に吊るした錘(おもり)とそれで動く水中の水車の絵を見たことがあるでしょう。

ワット（**James Watt**, 1736～1819年）は実用的な蒸気機関を発明して，産業革命への道を開きました。彼が蒸気機関の性能向上を検討する段階でパワーの単位として「馬力」を初めて導入したことからも，そのSI単位として「ワット」を使うようにしたことは妥当な決定でした（1馬力 = 746 W）。

11.3　人類のエネルギー使用の歴史とインパクト

以上のように，人類がエネルギーを大量に使い始めたのは産業革命を契機とした過去のほんの200年あまりの間のことである。ここでは，産業革命前後のエネルギー使用と，それがもたらした影響の最も直接的な現れである人口の推移を見ておこう。

人類が初めて火を使ったのは，遺跡に残されたコゲ跡から約50万～100万年前とされている。当初の木材から，その後，「燃える石」，「燃える水」と呼ばれた石炭や石油も見つかり，一部では小規模に使われたであろう。

約20万年前には，現代人ホモサピエンスがアフリカを出て中東を経てアジアやヨーロッパに広がったとされる。多くは陸路で移動し，エネルギー源としては人力と家畜力を用いた狩猟人であっただろう。

約1万年前に中東を中心として農耕が始まり，定住生活をするものが出てくると，火を使った調理法にも工夫が加えられた。数千年前に石器に代わって金属器が使われ始めると，その製造と加工のために必要な火の制御も求められ

11.3 人類のエネルギー使用の歴史とインパクト

た。これらを通じて，エネルギー消費量も漸増していった。

水力や風力の利用もかなり大がかりに進められ，特に後者による帆船の大型化で徐々に人間活動の版図が広がった。それによって，それまでシルクロードなどを通じてしか交流がなく，おたがいにかなり独立に進化してきていた狩猟・農耕文化圏，例えば東アジア圏，イスラム圏，ヨーロッパ圏などの間に接触が促された。それは一方では15世紀半ばからの大航海時代へとつながり，他方ではルネッサンスと総称される文化的広がりから16世紀以降のガリレオやニュートンなど科学の時代への発展となった。

この間にも人類のエネルギー使用量は漸増していったが，このトレンドに質的変化をもたらしたのが本章の冒頭に述べた**産業革命**である。この間の様子は**図11.1**に示す人類のエネルギー消費量の推移を見れば明らかである。

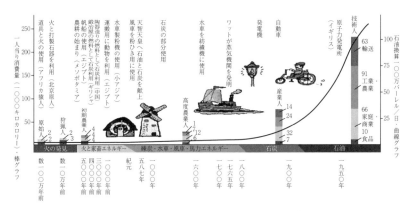

図11.1 人類のエネルギー（石油換算して曲線で示し，右目盛）と一人当りのエネルギー消費量（棒グラフで示し，左目盛）の経時変化〔出典：エネルギーを考える[1]〕

このように，産業革命を契機にして人類の生活は根本的に変わることになったが，その質的変化は一朝一夕に起こったものではない。大きなくくりとして，18世紀後半に石炭を使ったまったく新しい仕事の手段としてのエネルギーを得た人類が，19世紀にエネルギーのいろいろな利用分野を開拓する助走期間を経て，20世紀にその果実を本格的に享受することになったのである。

19世紀の助走期間には，蒸気機関を使った18世紀に始まる紡績工業に加え

て，鉄道などエネルギーの新しい利用方法や石炭採掘およびその後の石油掘削のためのエネルギー源獲得の手法が次々に開発されていった。すなわち，**エネルギーの新しい利用方法**と**エネルギーの大規模獲得**が車の両輪のようにはたらいたのである。

その流れは，20世紀に入って乗用車と航空機に象徴されるエネルギーを大量に消費する輸送機関の導入によって加速され，それは20世紀半ばには家電製品に代表される大衆消費時代に入ってエネルギー消費量が急増したのである。その様子は，図11.1を見れば一目瞭然である。

このような現在のエネルギーの大量消費社会は，持続可能ではない。これはつぎのようなことを確認すればすぐわかる。これまで，大量のエネルギーを使って自動車や電気製品のような工業製品を造って使ってきただけでなく，農機具や農薬，医薬品なども大量生産して，その結果もたらされた農産物増産や衛生状態の改善もあって，**図11.2**に示すように社会が支える人口を急増させてきた。その結果，世界人口は産業革命当時の数億人から，1950年の約25億人，現在の70億人超と，それぞれ3倍増，10倍増してきた。これを支えてきたのは比較的安価に入手できた化石燃料からのエネルギーである。このような状況は限界に達しているようで，人類社会は今世紀後半には進退きわまった状態になると思われているのである。しかも，一人当りのエネルギー消費量は

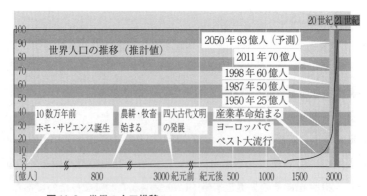

図11.2 世界の人口推移
〔出典：国連人口基金東京事務所ホームページより一部改変〕

11.3 人類のエネルギー使用の歴史とインパクト

11.4.2項で見るように国によって大きな違いがある。さらには，一国内においても最近問題視されている「格差社会」では，エネルギー消費量に大きな個人差がある。

「ヒト」という生物種が，自称の「万物の霊長」にふさわしい叡智を発揮していろいろな「利害の対立」を克服して，ヒト種を含む生物とその存在空間である生態系の持続を図るようなコンセンサスを育て，また必要な行動が起こせるかどうかが問われている。そのためには，（ⅰ）それぞれの国内および国間の富の平準化への合意形成とともに，（ⅱ）ここまで大きくなってしまったエネルギー大量消費社会および世界人口をどうするのかについての全人類的な合意形成とそれに沿った行動が取れるかどうか，の二つが鍵を握っている。このうち前半の（ⅰ）合意形成は政治や国際関係とその基盤となる社会科学の対象であるが，本章以降で考えるのは後半の（ⅱ）エネルギー問題である。

☕ Coffee Break

われわれの現在のライフスタイルは過去200年あまりの間の急変の結果もたらされたものです

図11.1や図11.2を見ると，人類が現在の私たちのようにふんだんにエネルギーを使って生活し始めてからわずか200年あまりしか経っていないことに眼を見張らされます。さらに11.3節で述べたように，20世紀以前はいわば「準備期間」であることを思えば，ここ100年前後の私たちは人類史上きわめて特異な生活を送っていることがわかります。

それに至るまでのわれわれはどこから来たのでしょうか，そしてどんな経過を経て現在に至ったのでしょうか？ それについて詳しいことが明らかになってきたのもこの100年前後のことで，この点でも私たちは人類史上特異な時点にいるのです。以下には，それに至る主要な年代とイベント，それを可能にした発見などを列挙します。

* 137億年前：**ビッグバン**による宇宙のはじまり。1964年のペンジアスとウイルソンによる**宇宙背景光放射**の発見。
* 46億年前：太陽系およびその一員である地球の誕生。1910年のラザフォードらによる**放射年代測定法**の発見。
* 約40〜38億年前：地球に生命が誕生。グリーンランドで原始的生命体の発見。

* 約20億年前：**シアノバクテリア**の活動によって，大気中の酸素量上昇．
* 約5億年前：大型生物誕生，および種類の急拡大（カンブリア爆発）．
* 約3〜2億年前：爬虫類や哺乳類の誕生．
* 約8500万年前：哺乳類の中にサル目の霊長類の発生．
* 6500万年前：恐竜の絶滅，霊長類を含む哺乳類の進化と繁栄．
* 約500万年前：ヒトと最も近いチンパンジーとの遺伝学的な枝分かれ
* 50〜100万年前：火の使用，以下本文に続く．

　われわれヒトは**ホモサピエンス**と呼ばれ，約20万年前にアフリカ北東部を出発して世界全体に拡散していきましたが，これは最近20〜30年の遺伝子解析で明らかになりました．日本列島にヒトが到達したのは約4万年前とされますが，産業革命の影響を本格的に受け始めたのは明治維新の19世紀後半からです．それ以降のエネルギー使用の生活様式への影響が次節以降の主題です．

　「世界史」や「日本史」で主として学ぶのは，文字記録でたどれる1000年あまりの**人間史**です．しかし，その前には数百万年に及ぶ長い**人類史**があり，さらには数十億年の長い長い**生命史**や**宇宙史**があって，それらが今のわれわれの生活に続いているのです．そして，現在のエネルギー大量消費の時代は20世紀以降のわずか100年ぐらいのことにしか過ぎません．「われわれはどこから来て，これからどこへ向かうのか」という視点は，現在のエネルギーおよび環境の問題を考える上で非常に重要です．

11.4　現状に至るエネルギー消費の経過

　前節で，産業革命を契機として人類の**エネルギー消費**の形態も量も劇的に変化し，それとともに人々の生活様式や人口から人々の思考形態までが，それこそ「革命的」に変わったことを見てきた．本節ではそのようなエネルギー消費量の変化の具体的な数値を，過去半世紀前後の日本および世界のデータから見てみよう．

11.4.1　日本のエネルギー消費量の推移

　日本の最近のエネルギー消費動向を，経済産業省資源エネルギー庁から出されている「エネルギー白書」の2015年版から引用して**図11.3**に示す．この図

11.4 現状に至るエネルギー消費の経過

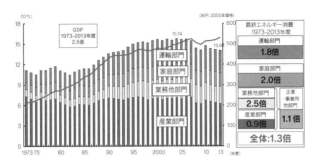

図 11.3 日本の最近のエネルギー消費量の推移（曲線は右スケールで示した GDP）〔出典：資源エネルギー庁　エネルギー白書 2015〕

から，総消費量は 1973 年に始まる 2 度のオイルショックによる減少時期を経て 1980 年代から漸増していたものが，1990 年代以降はいわゆる「バブル崩壊」による経済停滞に合わせてほぼ一定で推移していることがわかる。また，2008 年のリーマンショックによる経済の落ち込みの大きさも反映している。すなわち，エネルギー消費量は経済活動の活発さを端的に表す指標になっているのである。

部門別で見ると，産業部門が企業の省エネ努力によって 1973 年以降に減っていること，この間の経済活動は GDP にして 2 倍以上に増えているが，それは主として家庭，業務部門における空調機器の増加，および運輸の各部門の消費量増大と軌を一にしていることがわかる。

そこで図 11.3 の左の縦軸に示されているエネルギーの年間消費量の絶対値であるが，最近数年間は約 1.4×10^{19} J になっている。この数字の大きさに問題が二つある。第一に，11.2 節で説明したエネルギーの単位ジュールが小さくて 1 J がどれくらいか実感が湧かないこと，および第二に 19 乗という大きなべき乗でどれくらい大きいかが実感できないことである。

これについて拙訳『持続可能なエネルギー』（デービッド　J. C.　マッケイ，産業図書（2010））の著者マッケイ（David J. C. MacKay, 1967 ～ 2016 年）は**一人が一日に使うエネルギーをキロワットアワー〔kWh／人／日〕で表せば見通しが良くなる**ことを示した。これを用いれば，上記の 1.4×10^{19} J／年を日本の人口 1.3 億人（以下，有効数字を 2 桁として，3 桁目を四捨五入）と 365 日／年

で割って，日本人のエネルギー消費量は1.4×10^{19}〔J〕／$(1.3\times10^8\times365$〔人・日〕）$=3.0\times10^8$ J／人／日になる。11.2節で示したように，$1\,\text{kWh}=3.6\times10^6$ J なので，マッケイの単位で示した日本人の平均エネルギー使用量として，3.0×10^8〔J／人／日〕÷$(3.6\times10^6$〔J／kWh〕)$=83\,\text{kWh}$／人／日 が得られる。1キロワットのヒータを24時間つけっ放しにしておくと$24\,\text{kWh}$／日になるので，$83\,\text{kWh}$／人／日というのは日本人老若男女一人ひとりが1キロワットのヒータ3台以上を四六時中つけっ放しにしているのに近いエネルギーを消費していることになる。わかってみると息苦しい思いにさせられるが，それでも日本人はアメリカ人の約半分の省エネ生活をしているのである。

　このように国や世界全体のエネルギー消費量を考えるときには，kWh／人／日が実感を伴う良い指標であることがわかった。そこで以下ではこれを**マッケイの単位**として **Mk** で表し，$1\,\text{kWh}$／人／日 $\equiv 1\,\text{Mk}$ とする。

　図11.3では日本の年間の総消費エネルギーと各部門ごとの内訳の推移を見たが，同時にそのエネルギー源はどこから得ているかも重要である。例えば，11.5節で述べる環境への影響を考えるときはそれが決定的な役割を果たす。図11.4は図11.3と対の形で公表された年間の**一次エネルギー供給量**とその内訳の推移である。ここで**一次エネルギー**は原料のことを指し，**二次エネルギー**がその原料を使って消費しやすい形にしたものに対する言葉である。この「一

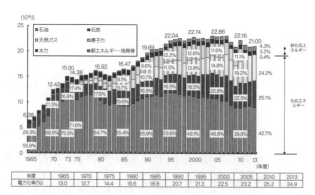

図11.4　日本の最近の一次エネルギー供給量の推移
〔出典：資源エネルギー庁　エネルギー白書2015〕

11.4 現状に至るエネルギー消費の経過

次」と「二次」の境界は言葉の使い手によって少し異なり，例えば原油を精製してガソリンや航空機用のケロシンにしたものも二次エネルギーにしているものもある。ここでは，それは基本的なエネルギー形態は変わっていないと見なしてすべて一次エネルギーの範囲と考えよう。そういう立場から見ての二次エネルギーは，現在のところほとんど電力が占めている。実際，図11.4から2013年の一次エネルギー供給量 2.1×10^{19} J が図11.3の消費量では 1.4×10^{19} J になっている原因の大部分は，石油・石炭・天然ガスやウランなどに含まれるエネルギーを電力にするときの効率が約40％である結果である。

図11.4の縦軸を上に述べたマッケイの単位で表せば，2.1×10^{19}〔J〕/$(1.3\times10^{8}\times365\times3.6\times10^{6}$〔人・日/kWh/J〕)＝123 Mk が得られる。すなわち，一次エネルギーが持っていたエネルギーのうち，$(123-83)/123=0.33$（33％）という大きな量を二次エネルギーにする際に損失として捨てている。なお，この損失が発電所での効率約40％より小さいのは，都市ガスやガソリンなど電力にしないで使うエネルギーもあるためである。

一次エネルギーの構成内訳を見ると，図11.4のように1965年以降は一貫して80％以上を石油・石炭・天然ガスといういわゆる「化石燃料」が供給している。これについては，環境問題との関連で11.5節で振り返ろう。

☕ **Coffee Break** ☕

1960年代が分水嶺

つぎの**図1**を見てください。これは，日本の過去約半世紀の一次エネルギー供給の推移を示しています。図11.4の時間軸を1965年（昭和40）年から1950（昭和25年）までわずか15年さかのぼっただけですが，その印象は大きく違っています。1960年代の高度成長期には日本の国内総生産（GDP）は年率約8％で成長していましたが，その間のエネルギー供給とその消費量もその割合で増えていることがわかります。

日本は1990年ごろから経済停滞期に入り，それに伴ってエネルギー供給はあまり増加していませんが，このころから新興国は急速な経済成長を始めます。特に中国とインドはそれぞれ日本の約10倍の人口を擁し，過去10年間のGDPの年成長率は8％以上になっていますから，この両国だけで1960年代の日本と同

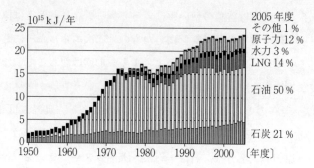

図1 日本の一次エネルギー供給の過去半世紀あまりの推移
〔出典：一般財団法人省エネルギーセンター　エネルギー・経済統計要覧（2007年）〕

じ状況がスケールを約20倍にして進んでいます．すなわち，エネルギー供給が6～7年で2倍という状況が圧倒的な大きさで起こっているのです．そのため，例えば中国には豊富にある石炭資源でほぼ自給自足してきたエネルギー供給が，20世紀末にはエネルギー輸入依存国になり，その依存度は急速に大きくなろうとしています．それについては，つぎの11.4.2項の世界全体のエネルギー消費量のところで述べます．

11.4.2　世界のエネルギー消費量の推移

図11.5に世界の一次エネルギー供給の過去半世紀の推移を示す．ここで縦軸のtoeは"tonne of oil equivalent"で**石油換算トン**と呼ばれ，一次エネルギーからの発生熱量を石油からのそれに換算して「トン」で表したものである．こ

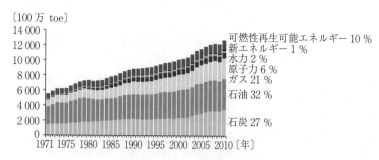

図11.5　世界の一次エネルギー供給の過去半世紀の推移
〔出典：IEA　Energy Balance 2012〕

11.4 現状に至るエネルギー消費の経過

れは世界全体や国別の年間エネルギー需給を表す単位としてよく用いられる。$1\,\text{toe} = 4.2 \times 10^{10}\,\text{J}$ で換算して，図 11.3，図 11.4，Coffee Break の図 1 の縦軸と比較できる。

ちなみに，2010 年の一次エネルギー供給量約 $1.3 \times 10^4 \times 10^6\,\text{toe} = 5.5 \times 10^{20}\,\text{J}$，世界の人口約 70 億人 $= 7 \times 10^9$ 人とすれば，マッケイの単位では $5.5 \times 10^{20}\,[\text{J}] / (7.0 \times 10^9 \times 365 \times 3.6 \times 10^6\,[\text{人}\cdot\text{日}/\text{kWh}/\text{J}]) = 60\,\text{Mk}$ が得られる。すなわち，世界の一人当り 1 日当りの一次エネルギー供給量は日本のほぼ半分である。

世界の一次エネルギー供給量，および消費量は過去半世紀にわたってほぼ直線的に増加している。しかし，その増加の地域別内訳を示す**図 11.6** を見ると，大きな動きを認めることができる。すなわち，日欧米など先進国で構成している **OECD**（Organization for Economic Cooperation and Development, **経済協力開発機構**）加盟国のシェアは約 40 年前までは 70 % を占めていたものがその後漸減して今や半分以下になっていること，これに対してアジアの増加が大きいことがわかる。これは Coffee Break の図 1 において 1960 年代の日本で起こったことが，中国とインドを中心とする新興国で 1990 年代からその規模を 20 倍以上にして起こっているからである。この傾向は今後も続くと考えられ，その将来予測の一例は**図 11.7** に示すとおりになっている。その一次エネルギー源が石炭を中心とする化石燃料であることもあって，最近両国で深刻な大気汚染が頻発するようになっており，この状態が継続すれば世界全体の温暖化も危惧

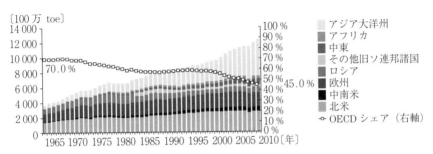

図 11.6 世界の一次エネルギー供給の地域別内訳の推移
〔出典：BP Statistical review of world energy 2012〕

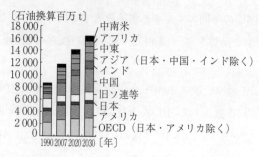

図 11.7 世界の一次エネルギー需要と今後の見通し
〔出典:IEA World Energy Outlook 2007〕

されている。これについては次節で述べよう。

11.5 グローバルな環境問題の顕在化

　人間の活動が環境に悪い影響を与えたことは,古くより記録に残されている。例えば,平城京に奈良の大仏が建立されたとき,銅製大仏の表面に金メッキをするときにその溶剤にした水銀を高温にして蒸発させて広範に水銀中毒が発生した例がある。そのような意味で振り返ると,人類が約 50 万年前に火を使い始めると同時に大なり小なりの環境負荷を与えてきたであろう。

　しかし,その影響が深刻化するのは産業革命によってエネルギー消費が飛躍的に増加し,またそれに伴い人間活動がきわめて大きくなった後である。具体的には,19 世紀にイギリスのロンドンで暖房用に石炭燃焼が活発に行われた結果,スモッグなど深刻な大気汚染が起こった。わが国では,19 世紀後半の資源採掘に伴う足尾鉱毒事件(栃木県,群馬県)や 20 世紀に入って土呂久ヒ素公害(宮崎県)などが起こった。その後,工場廃液や排気による四大公害(熊本水俣病,新潟水俣病,イタイイタイ病,四日市喘息)が発生した。これらは**公害**と総称されるがその特徴は発生地域が比較的狭いことで,その点から**ローカル**的とみなせるだろう。そのため,原因がわかると対処策も立てやすい。

　これに比べて,20 世紀半ば以降に顕在化してきた環境汚染は影響が国を越

えて及び，場合によっては地球全体に及ぶものもある。その点から，**グローバル**な環境問題であり，その対処策も格段に難しい。すなわち，エネルギー消費という人間活動の根幹にかかわっているので，それをやめたり，急に代替品に変更したりすることができないのである。ここでは，加害者が同時に被害者となる場合が多く，「公害」の場合と違った構造的な問題がある。

11.5.1 酸性雨

1967年にスウェーデンの**酸性雨**の原因がドイツやイギリスでの石炭などの燃焼排ガスの結果であることを，同国の土壌学者オーデン（Svante Oden, 1924～1986年）が指摘したことから始まった議論を1968年にはスウェーデン科学研究院も公認した。これは原因が国外にあって自国の努力だけでは解決できないという意味で，世界で初めて「グローバル」な環境破壊と認識された事象となった。その点から，1968年は「世界の環境問題元年」と呼べる。それをきっかけにして，スウェーデン政府の招致で1972年にストックホルムで**国連人間環境会議**が開かれることになり，それは11.5.3項に述べる温暖化防止に関する国際的取組みへとつながった。

酸性雨は，排ガス中の二酸化硫黄や二酸化窒素が霧などに溶け込んで，最終的に降雨中の硫酸や硝酸となり，それらが強い酸性を示す結果生ずるものである。水溶液の化学的な活性度が高いためにほかの物質と反応して化合物を作り，結果的にその物質を損傷したり，生物にあっては組織を破壊するなどの悪影響を及ぼすものである。そこで，その程度を表す**pH**（ドイツ語の頭文字を語源としているので，「ペーハー」と発音）で，pH5.6以下の水を酸性というのが一般的である。

雨水に二酸化硫黄や二酸化窒素などが溶け込んで水素イオン濃度が高いほどpH値が下がるが，今やpH4.5の雨は日本でも日常的に観測されている。スウェーデンやノルウェーなどの酸性雨被害はその後のいろいろな対処法が功を奏して改善の方向である。しかし，新興国の排出基準が整備されていない状況でのエネルギー需要急増に主として脱硝や脱硫が不十分な石炭で対処している

現状には，今後とも注意していく必要がある．

11.5.2 大気汚染

地表面の大気中での体積組成は，窒素78.1％，酸素21.0％，アルゴン0.9％が主成分，あとは炭酸ガス400 ppm（ppmは100万分の1なので，400 ppmは0.040％），ネオン5.2 ppmなどである．この組成が変化して人類を含む生物界に悪影響を与えるものを**大気汚染**と呼ぶ．人間や生物界への悪影響は，一時話題になった地中のダイオキシンのようにppb（ppmの1000分の1）レベルでも起こり得ることは注意を要する．

大気汚染には，自然発生のものと人間活動起源のものとがある．前者は火山噴火によるものが大きい．他方，後者の人間活動起源の大部分は化石燃料燃焼の結果生じ，例えば前項に述べた酸性雨は燃焼生成物が雨水中に溶け出して起こる．燃焼現象の結果大気中に放出された炭酸ガスの影響はつぎの11.5.3項で考えるが，それ以外にも高温の酸素は反応性が高いので，炭化水素以外の燃料および空気の構成元素とも化合物を生じる．その中で呼吸器系の病気を引き起こすなどで特に問題になるのは，燃料中の硫黄と空気中の窒素，および炭素の不完全燃焼物である．これらはそれぞれ SO_x，NO_x，CO_x（ここでXは1個のSやNに対するOの数）と表され，**二酸化硫黄**（SO_2），**二酸化窒素**（NO_2），**一酸化二窒素**（N_2O），**一酸化炭素**（CO）がおもなものである．

化石燃料燃焼による大気汚染物質にはそのほか，光化学オキシダントと**浮遊粒子状物質**（suspended particulate matter, **SPM**）がある．前者は視界低下を伴うことがあるので**光化学スモッグ**とも呼ばれ，二酸化窒素や不完全燃焼の炭化水素などが太陽光により化学反応を起こして生成されるもので，大部分（90％）がオゾンである．成層圏のオゾンは太陽光紫外線を吸収して地上の生物を守る**善玉オゾン**であるが，この地表近くのオゾンはその強い活性によって物質を酸化させ金属の場合は錆を発生させる．また，生物の細胞組織を損傷させ，植物枯死や，人間の場合，目，のど，皮膚への刺激，さらにはぜんそくなど呼吸器系疾患を起こす．そのため**悪玉オゾン**といわれる．ただし，オゾンの強い

生物影響を利用して殺菌を行うために放電で造ることもあるので，地表近くのオゾンがすべて悪玉ではない。

最近話題になることが多いPM2.5は，SPMの中で「直径2.5ミクロン以下の微粒子（particulate matter, PM）」を指し，肺の奥まで届いて肺がんの原因になると危惧される物体である。低品質石炭燃焼などで大量に発生するとされ，黄砂にも含まれていてともに越境して影響を与える典型的な「グローバル」型環境汚染物質である。

11.5.3 温室効果

人間起源の温室効果ガス（「温室」は冬でも温かい空間となるように，例えば野菜の栽培ができるようにビニール膜等で覆った空間としたもの。入射する太陽光の大部分を透過させ，地面などから外へ出ようとする赤外線や室内から対流によって失われる熱を抑えようとしている。大気中にあってこの温室と同じ作用をするものを**温室効果ガス**と呼ぶ。炭酸ガスのほかに，メタンCH_4や一酸化二窒素N_2Oなどがある）の主要なものは炭酸ガスで，その大気中の濃度の時間推移を**図11.8**に示す。産業革命以前には280 ppm以下で一万年以上も安定（南極などの氷床に閉じ込められた炭酸ガスから当時の大気中濃度を求めた）であったものが200年あまり前から急上昇し始め，現在は400 ppmに

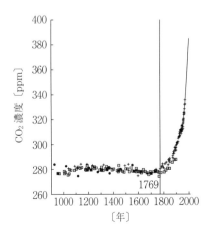

※　●■＋などの記号は異なるデータソースによるものと思われる

図11.8　大気中の炭酸ガス濃度の推移。1769年はジェームズ・ワットによる蒸気機関特許の獲得年〔出典：持続可能なエネルギー[2]〕

も達している。すなわち，大気中の炭酸ガス濃度の上昇は，人間による化石燃料燃焼によっていることが明らかである。

炭酸ガスの大気中への蓄積をなくすには，現状の排出量を半減以下にする必要があるとされている（**気候変動に関する政府間パネル** Intergovernmental Panel on Climate Change, **IPCC** が 2013 〜 2014 年に発表した第五次報告書）。2010 年の世界の排出量速報値は約 335 億トンで，このうち約 150 億トンは海や植物で吸収されるがそれ以上は大気中に滞留して濃度を上げる，というのが「半減以下」の根拠である。この目標排出量は現在の中国（2009 年で世界の約 24 %）とアメリカ（同 18 %）の二国だけの排出量（約 140 億トン）程度にすることを意味する。経済成長著しい中国やインドを始めとする新興国やほかの発展途上国のエネルギー消費は，今後数十年にわたって急増こそすれ減ることはあり得ない。

このように増えるエネルギー需要を炭酸ガス排出を半減以下にしながら満たすシナリオを作るための考え方を整理するのが本編の主題で，12 章での検討を経て，13 章で処方箋案を述べる。

☕ Coffee Break ☕

北極の氷に注目しよう

「地球温暖化」といっても，「過去 100 年での温度上昇が 0.7 ℃」などという数字を聞いても実感がなく，むしろ「それは測定誤差の範囲ではないか」などと思います。しかし**図 2** を見れば，それが容易ならぬ段階になっていることが実感されます。これは北極の氷部の面積の変化を示していますが，夏に溶けて小さくなり（熱にもある慣性のため，9 月が最小）冬に大きくなる 1 年サイクルを繰り返しながら減少しています。このまま進めば 2030 年には夏の氷がなくなり，その数年後には氷が北極にはいつもない状態になることを予測させます。氷は太陽光をよく反射しますが，水面が現れるとその吸収は格段に大きくなります。すなわち，氷がなくなることによって海面が増えて太陽光の吸収が良くなり，ますます地球温暖化が進むことが危惧されています。この現象は，ブランコの最高点で板を踏みつけてポテンシャルエネルギーを加えるとより高くまで上がるようになるのと同じで，**ポジティブ・フィードバック**と呼ばれています。

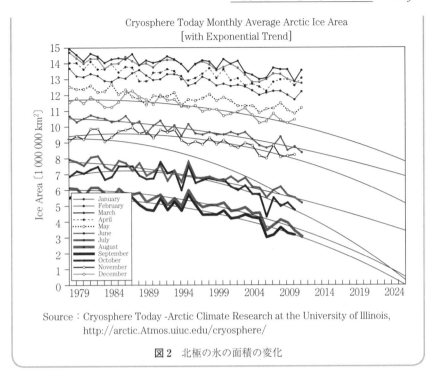

図2　北極の氷の面積の変化

演習問題

(11.1)　「エネルギー」と「パワー」の意味を簡単に説明し，それぞれの大きさを測る SI 単位を示せ．

(11.2)　日本の年間一次エネルギー供給量について最近数年間の平均値を示し，それが日本人一人につき 1 日当り何 kWh になるかを計算せよ．

(11.3)　エネルギー使用とグローバルな環境とのつながりは，まずいつどこで何によって認識されたか，また現在の環境問題で最も深刻だと思われているのは何かを述べよ．

引用・参考文献

1)　公益財団法人総合研究開発機構編：エネルギーを考える―未来への選択―（1979）

2)　デービッド J. C. マッケイ著，村岡克紀訳：持続可能なエネルギー，産業図書（2010）

12章　一次エネルギーの発生原理と問題点

11章で見たように，一次エネルギーは化石燃料，再生可能エネルギー，原子力の三つに大別できる。それぞれに特徴があり，また問題点を抱えている。本章では，これら一次エネルギーそれぞれについてのエネルギー発生原理を述べ，それを通じて浮き上がる問題点を理解する。ここでも，定量的検討，すなわち数値を使って検討するのが必須である。

12.1 化　石　燃　料

産業革命の原動力になったのは**石炭**であったが，その後取り扱いやすい**石油**，次いで**天然ガス**の利用が増えていったのは図11.4，Coffee Breakの図1（11.4.1項），図11.5の一次エネルギー供給量の推移で見たところである。**化石燃料**は動植物の体を構成していた有機化合物が死後に地層中に取り込まれ，その後数億年にわたって高圧などの雰囲気中で変成して形成されたと考えられている。有機化合物とは，炭素Cを含む化合物である（COやCO_2などはそう呼ばないので除く）。

化石燃料は人類が火を使い始めた約50万年前から使ってきた材木と同じく点火すればエネルギーが得られ，しかもその**エネルギー密度**（次の12.1.1項で述べる）は材木と同程度ながらエネルギーとしての資源量が桁違いに大きいので，産業革命の牽引力になった。

12.1.1 化石燃料からの一次エネルギーの獲得法と特徴

化石燃料はどれも C と H の化合物である炭化水素 C_nH_m の形の主成分と，多くの混雑物からなっている。ここで，n と m は 1, 2, 3 などの正の整数で，例えば $n=1$ で $m=4$ は CH_4 のメタンである。石炭，石油，天然ガスの主成分は，それぞれ C，C_nH_{2n+2}，CH_4 である。C_nH_{2n+2} の n は 10 前後のパラフィン系炭化水素が多い（ただし，産地により異なる）。

これらはいずれも O_2 と化合して CO_2 と H_2O になり，その際燃焼熱 Q を発生する。化学式で書けばつぎのとおりである。

$$C_nH_m + (n+m/2)O_2 \rightarrow n\,CO_2 + (m/2)H_2O + Q \tag{12.1}$$

燃焼熱 Q は CO_2，H_2O，および燃焼しなかった O_2（および O_2 を空気として供給した場合は N_2）の熱エネルギーとして発生するので，それを熱そのものとして暖房熱や調理熱に利用したり，発電所のボイラーや乗用車の内燃機関などの熱機関を通じて外部での仕事をするためのエネルギー源にする。

この一次エネルギー源の特徴は，（1）上述の化石燃料がありさえすれば地球上で誰でもどこでもエネルギーにできること，（2）そのエネルギー密度〔J/Kg, J/m³〕が大きくて量も多いので大きな仕事をさせるエネルギー源にできること，の二点である。化石燃料はこの二つの特徴によって産業革命以来現在まで主要な一次エネルギー源であり続け，現在の世界における大部分の国の一次エネルギーの 80 % 以上を供給している。後で述べるが，水力発電が多いノルウェーやカナダを除けば，主要産業国で唯一の例外はフランスの 53 %（2011 年実績）であるが，これは同国の電力（二次エネルギー）発生の約 80 % が原子力によっているためである。

逆にこの特徴が問題を起こす原因にもなっている。具体的には，（1）について，石油と天然ガスの埋蔵地が中東などきわめて限られた地域に偏在していて，そこは 20 世紀後半から現在まで世界的な紛争の発生地帯になってきたため安定供給に懸念がある。しかし，**シェールガスやシェールオイル**について最近 10 年あまりで新たな採掘法が開発され，世界情勢に大きな影響を与え始めている。これについては，12.1.2 項で述べる。

また，（1）と（2）の結果，生活水準の向上と増え続ける人口を支えるために，20世紀半ばまでに先進国，20世紀末から現在まで新興国での化石燃料燃焼が急増していて，グローバルな環境問題が顕在化してきた。これについては，すでに11.5節で述べた。

Coffee Break

化石燃料から得られるエネルギー密度

式(12.1)のQには，燃料C_nH_mの重さ（または容量）に対してつぎの値が用いられます。

　　石炭（29 MJ/kg）
　　石油（42 MJ/kg）
　　1バールでの天然ガス（33～41 MJ/m^3：水蒸気の凝縮熱を含む）
　　　　　　　　　　　　（30～37 MJ/m^3：含まない）

〈参考〉乾燥状態の木材からは29 MJ/kgが得られ，上記の石炭や石油と遜色がありません。すなわち，古代人が使っていた木材もエネルギー密度としては現代人と大差がなかったのですが，一か所で採掘できる量や地球全体での総量では圧倒的な違いがあります。これは，木材がせいぜい数百年の太陽光エネルギーを貯め込んだ結果であるのに対して，化石燃料は数億年にわたって動植物に蓄積された大量のエネルギーが濃縮されて採掘される結果生じた違いなのです。

12.1.2　化石燃料の最近の動きと今後の展望

化石燃料の埋蔵量についていつも「今後30年分」という言葉が使われ，「逃げ水」，またはその資源に限りがあることに警鐘を鳴らす人々を「オオカミ少年」と揶揄することが多かった。事実，2009年のデータを使って（確定埋蔵量）／（年間使用量）から**可採年数**を求めると，石炭170年，石油46年，天然ガス63年が得られる（ただし，ここには天然ガスには後述するシェール石油，シェールガスを含めていない）。これら可採年数は過去数十年にわたってあまり大きな変化がない。それには三つの要因があった。第一に探鉱法の進歩により新しい埋蔵が確認できてきたこと，第二に技術革新によりそれまで採掘できると考えられなかった資源が手に入るようになってきたこと，および第三は資

源価格の上昇により以前は経済性から困難であった採掘もペイするようになったことで，これは第二の要因とも関連している。

ここ数年のエネルギー地図を大きく塗り替えようとしているのは，上記第二，第三の要因によるアメリカに源を発するいわゆる**シェール革命**である。これは**頁岩（シェール）**と呼ばれる堆積岩中に含まれる**天然ガス（シェールガス）**や**石油（シェールオイル）**を，頁岩中に液体を高圧で注入する「フラッキング」という最近の技術革新によって大量に採掘できるようになったことによるものである。これは**図 12.1** に示すように，わずか 10 年あまり前の 2000 年のアメリカのシェールガスの割合は 1 ％に過ぎなかったことを考えると，劇的な変化である。この勢いが続けば，アメリカは 2020 年には自国のエネルギーを自給自足できるようになるとされる。また，このシェール資源は石油や天然ガスの産出地層と重なっており，アメリカ以外に中東，ロシア，アフリカ，中

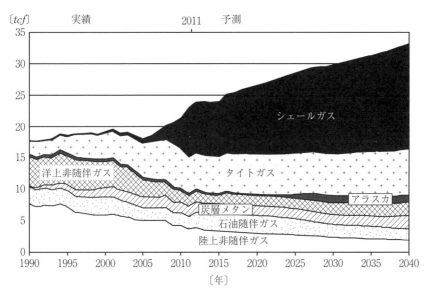

縦軸の単位〔tcf〕は「兆立方フィート」で基準状態（通常 60F≒16℃，1気圧）での体積。1tcf＝2.8×10^{10} m^3

図 12.1 アメリカのシェールガス生産量の推移と将来予測（シェールガス以外は在来型天然ガス）[1]〔出典：シェール革命と日本のエネルギー[2]〕

国，南米，ヨーロッパにも膨大な量が埋蔵されていると予測されている。中東やロシアなど，これまで化石燃料輸出で外貨を稼いできた国々の国家経営戦略や，天然ガスからの CO_2 排出量について同じ発熱量の石炭のほぼ半分ということもあって，環境政策にも大きな影響を与え始めている。

ただ，フラッキングに伴って水が頁岩中を通りやすくするための化合物を含んだ液体を注入することが地下水汚染に結びつく危惧や地震を誘発する可能性が指摘されている。さらに，採掘井が景観を損ねるなどという観点もあって地域住民の反対運動が特にヨーロッパで激しくなりつつあり，今後の動向に注意する必要がある。

12.2 再生可能エネルギー

化石燃料は環境負荷が大きくてこれから大幅に削減すべきである一方，次節に述べる原子力は 2011 年 3 月の福島原発事故を経験してこりごりということで，今や自然（**再生可能**）エネルギー礼讃一色である。確かに太陽光利用や風力のような自然エネルギーは再生可能なので環境負荷が小さい点では素晴らしいが，最大の問題は地上でのエネルギー密度が薄いことである。そのため，今まで化石燃料や原子力が担ってきた膨大なエネルギー使用量を代替するエネルギー源にすることは容易ではない。ここは是非『数値』を使って，その可能性と払うべき代償の大きさを把握する必要がある。

本節では，まず 12.2.1 項において再生可能エネルギーの両エースである太陽光利用と風力エネルギー利用のしくみ，得られるエネルギーの大きさを検討してそれぞれの持つ可能性と限界を考える。つぎに，12.2.2 項で潮汐力や波力，地熱などほかの再生可能エネルギーについても簡単に触れ，化石燃料の代替としてはあまり期待できないことを示す。最後の 12.2.3 項では，最近の再生可能エネルギーをめぐる国内および海外での動きをまとめる。

以下の検討は，11 章でも引用した**マッケイの単位**で検討する。すなわち，再生可能エネルギーの最大の問題が地上で得られる**エネルギー密度**が薄いこと

に鑑み,「11章で示した現在の日本のエネルギー消費量83 Mkのかなりの部分を担えるかどうか」を評価基準とする。

12.2.1 太陽光と熱,および風力エネルギーの獲得法と特徴,および問題点

再生可能エネルギーのうち,地熱は地中の放射性元素の崩壊熱により,潮汐力は月の引力を源とする。これらのわずかの例外を除けば,再生可能エネルギーはすべて太陽から地上に降り注ぐ光がその源になっている。例えば,地表に到達した太陽光パワーを半導体素子で電力に変換して利用するのが「太陽光発電」であり,いったん熱にして利用する「太陽熱利用」(暖房熱等に利用するほか,その熱を使ってタービンを回す「太陽熱発電」も含まれる)や,さらには地面の凸凹や海洋と陸地の加熱の程度にムラが生じた結果圧力分布が生じて風が発生したのを利用するのが「風力」である。

(1) 地面に届く太陽光の強さ——大部分の再生可能エネルギーの源

太陽の中心核部分では水素原子が4個融合してヘリウム原子核になるときに解放される原子核エネルギーが原動力(このメカニズムは12.3.1項参照)となって,その表面から膨大なパワーが電磁波として全空間に向かって放射される。太陽表面の温度は絶対温度約6 000 Kで,その表面温度で決まる**黒体放射**(その表面からの光放射がプランクの放射則と呼ばれる法則で支配される。Coffee Break 参照)をするが,その光強度の波長依存性(スペクトルと呼ぶ)を**図12.2**の点線で示す(ただし,同図の縦軸はつぎに述べる実線に対応したもので単位も数値も異なっており,ここでは相対的な波長依存性だけに注目すること)。ほとんどが $0.4 \sim 0.7$ μm($400 \sim 700$ nm)の可視光域にあり,すそ野は 0.4 μmより短い紫外域と 0.7 μmより長い赤外域にまで及んでいる。

図12.2の点線を全波長および太陽全表面積にわたって加え合わせる(積分する)と,太陽表面から全空間に放射されるパワーは 3.85×10^{26} W になる。太陽から地球までの距離は 1.50×10^{11} m であるから,地球の大気圏のすぐ外側表面で太陽に垂直な面に降り注ぐ太陽光パワーは $3.85 \times 10^{26}/\{4\pi(1.50 \times 10^{11})^2\} = 1.37 \times 10^3$ W/m² になる。この $1 370$ W/m² は**太陽定数**と呼ばれる普遍

12. 一次エネルギーの発生原理と問題点

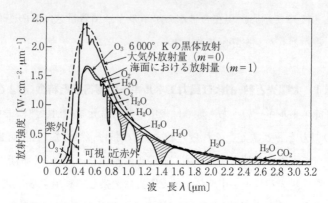

図 12.2 太陽光スペクトル（点線，ただし相対値），大気圏外でのスペクトル（上実線），および大気圏により吸収された結果による地表でのスペクトル（下実線）〔出典：太陽エネルギー読本[3]〕

的な数値である。

　太陽定数は地球の大気圏外に到達したパワーであって，太陽表面からそこまで達するまでに吸収するものはほとんどないので，図12.2の上側実線に示す点線のプランクの放射則のスペクトル形状をほぼ維持している。しかし大気圏内に入射して地表面に達すると，図の下側実線のように変形される。この下側実線の上側実線のスペクトルからの大きな窪みはそれぞれに記入された大気を構成する分子によって吸収された分である（窒素や酸素などによる可視光の吸収は小さいが，水蒸気による吸収が大きい）。なお，紫外部の O_3 による窪みが11章で述べたオゾン層での吸収を示している。

　この地表でのスペクトルと強度は太陽に正対した赤道に降り注ぐ単位面積および単位波長当りのパワーであるのに対して，日本で太陽光を利用する立場としてはつぎの4点での修正をする必要がある。① 正午から真夜中へ，すなわち24時間を周期とする経時変化，② 真夏から真冬へ，すなわち365日を周期とする経時変化，③ 赤道点から南北極方向に離れた場所での変化，④ 雲やエアロゾルなどによる吸収による変化。このうち①，②，③ によって大気を透過する長さが違ってくるので，それによる吸収量も違ってくる。図12.2中の m の値は，0が大気を透過する前，1が地面に垂直に透過した場合を示してい

12.2 再生可能エネルギー

☕ Coffee Break ☕

黒体放射

物体表面はその色と形状により光の反射率が違います。黒色は光パワーを吸収しますが，特にすべての波長の光を吸収する理想化した表面を持つ物体を黒体と呼びます。物体の表面を粗く加工して黒色を塗れば，黒体に近いものが実現できます。黒体から出てくる光（これを黒体放射と呼ぶ）はその温度だけで決まります。

黒体放射が温度によってどう変わるかの解明は，19世紀を通じて物理学の最大テーマの一つでした。ドイツの物理学者プランク（Max Planck, 1858〜1947年）は1900年という区切りの良い年に**量子仮説**を出してその解答を与え，**量子力学**という現代物理学の一翼（ほかの一翼はアインシュタインの**相対論**）を開きました。

量子仮説では，「光速 c，波長 λ の光の振動数 ν は $\nu = c/\lambda$ であり，その光は ν に比例するエネルギーを持つ粒子として振る舞う」とされ，この粒子を「光子」と呼びました。そして，その光子が持つエネルギー E は ν に比例するとして黒体から放射される光の波長依存性，すなわちスペクトルを求め，実験結果を見事に説明したのです。その後，電子などすべての物質が波動性と粒子性の両方を示すことが明らかになり，それらをまとめて**量子**と呼ぶことにしました。そこで，このスペクトルをプランクの放射則と呼び，エネルギーと波長を結ぶ比例係数を**プランク定数**と呼び，h で表すことになりました。後者を表す $E = h\nu$ は，アインシュタインの $E = mc^2$（12.3節参照）と並んで物理学で最もよく知られた式です。

る。JIS（日本工業規格）では，基準太陽光として大気中の水分やオゾン量などを決め，m の値を1.5としてスペクトルを求め，上記①として正午，②として春秋分の日，③として富山県，長野県，栃木県を結ぶラインである北緯37度において，約 $1\,000\,\mathrm{W/m^2}$ としている。

以上を検討した上で，あとは概算により求める。マッケイは①の24時間での変化，②の季節による変化，④として標準的な雲やエアロゾル量を考慮して，イギリスについて約 $100\,\mathrm{W/m^2}$，アフリカの砂漠について約 $180\,\mathrm{W/m^2}$ としている。そこで日本については，この中間の値で再生可能エネルギーをなる

べく大きめに見積もるために，150 W/m² とする．

この太陽光を効率 100 % で回収するとして，現在の日本のエネルギー消費量 83 Mk を得るにはどれだけの面積を要するかを考えてみる．24 時間/日であるから，150 W/m² は $150 \times 24 = 3600$ Wh/m²/日 となるので，83 〔kWh/人/日〕/3.6〔kWh/m²/日〕$= 23$ m²/人になる．日本の人口は 1.3×10^8 人であるから，必要総面積は $23 \times 1.3 \times 10^8 = 3.0 \times 10^9$ m² になり，これは国土面積（38 万 km²．後のために必要な一人当りの国土面積を求めると，3.8×10^{11}〔m²〕/$(1.3 \times 10^8$〔人〕$) = 2.9 \times 10^3$ m²/人になる）に対して約 0.8 % である．すなわち，日本に届く太陽光エネルギーを 100 % で回収しても，国土面積の 1 % 近くをエネルギー獲得だけに使わなければならない．逆に回収効率 1 % では，国土面積すべてが必要になる．

（2） 太陽光の利用法

太陽光のパワーを利用する方法の中で，化石燃料代替として現在有望と思われているのは「太陽光発電」，「太陽熱利用」，および「風力」の三つである．

① **太陽光発電** 太陽光発電では，太陽電池を構成する半導体中の電子が太陽光の入射を受けた結果エネルギーを得て高いエネルギー状態になり，それを外部回路に電力として取り出す．

その際，太陽光の図 12.2 のスペクトルの各波長 λ に相当する量子がそれぞれの波長で決まるエネルギー $E = h\nu = hc/\lambda$ を持った粒子のように振る舞い，半導体中の電子の持つエネルギー準位が低い位置から高い位置へ持ち上げられる．この量子は，前述の Coffee Break で説明したように，光の場合を特に「光子」と呼ぶ．このエネルギー準位の高低差は**バンドギャップ**と呼ばれるが，光子エネルギーがそのバンドギャップより小さければ高い位置へ持ち上げる力がない．他方，大きすぎれば余分のエネルギーは利用されずに熱になる．すなわち，半導体に入射する太陽光のエネルギーのうち一部は電気エネルギーにならないので，入射エネルギーのうちで電力に変化できるものの割合を「太陽光発電の効率」と呼ぶ（太陽電池の作動原理を Coffee Break に図を用いて示した）．効率を低下させる原因には半導体表面からの反射やその汚れによる光透過率低

下などもあるが，以下では上に述べた物理的限界によるものだけを考える。

太陽光発電の最高効率は40％超が得られているが，これは数種類のバンドギャップを持つ半導体を組み合わせて図12.2のスペクトルの各波長の光をできるだけどの波長もなるべく有効に電気に変えて得られた。これは「多ジャンクション光発電」と呼ばれる。このレベルは研究室でのチャンピオンデータ（「世界新記録」とでも呼ぶデータ）を狙う中から得られているもので，コスト

Coffee Break

太陽電池の作動原理

　最も広く用いられている**太陽電池**は，結晶シリコンを材料にしたものです。その純粋な状態では化学的添加物が加えられていない半導体で，自由に動ける電子は非常に少ないものです。この状態では電気抵抗が高いです。しかし，太陽光を吸収すると（シリコンの場合は，その光子エネルギーが1.1 eV以上），それを吸収して自由に動ける電子が生まれます。それによって，動ける負に帯電した電子と，それが抜けだしたあとの電子の移動に伴ってこれも動ける正に帯電した「**正孔（ホール）**」ができます。それぞれの電子-正孔の対はポテンシャルエネルギー1.1 eVを持っています（入射光のエネルギーがそれ以上であった場合は，1.1 eV以上の分は熱になって失われます）。このポテンシャルエネルギーを利用するためには，電子と正孔を空間的に分離してやり，その二つが再結合してしまう前に外部回路に流し出さなければなりません。この働きは，電場がかかっている**空乏層**と呼ばれる境界部分が行います。この電場は電子を通過させますが，正孔は通過させません（それをどちら側から見るかによって，逆，つまり正孔を通過させ電子を通過させないともいえます）。そのような分離層は二種のシリコンの境界に生じます：その一方にはシリコン結晶にわずかのリン（化学記号P），他方にはホウ素（化学記号B）を添加したものです。

　リンの電子配列はシリコンの外側に余分に1個の電子を持っています。シリコン結晶中のシリコン原子をリン原子に置き換えてやると，その余分の電子が自由に動き回れるようになります。これによって，シリコンは余分の（負の）電子を獲得します。これを**n型**と呼び，純粋シリコンより電気伝導性が良くなります。しかし，このシリコンは電気的に中性であることに注意しましょう。動き回れる電子の負電荷はあとに残した固定しているリン原子の正の電荷（もっと適切には「イオン」）で打ち消されているのです。

　ホウ素の電子配列はシリコンの外側の電子が1個足りないものです。シリコン

174   12. 一次エネルギーの発生原理と問題点

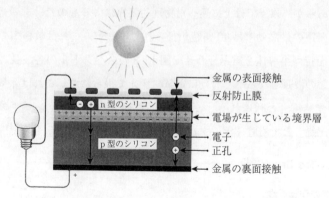

境界をはさむ二つの領域が，それぞれn型とp型のシリコンです。その境界層に電場が発生し（上の説明文参照），そこで光によって生成された電子と正孔が分離され，上下に設けた電極を通じて外部回路へ輸送されます。上部の反射防止膜によって，太陽光の反射を抑えてなるべくシリコン部へ通過させています。

図1　シリコン太陽電池の概念図

結晶中のシリコン原子をホウ素原子に置き換えてやると，**p型**と呼ばれる余分の正孔を持つものになります（**図1**）。

　n型とp型のシリコンを合わせると，動ける電子と正孔は両者の密度が大きく違うことによる拡散現象によって境界を自由に移動します。そうすることによって，リンとホウ素のイオンが残ることになります。これによって，先に述べた環境部分での電場が形成されますが，その大きさは密度差の結果として電子と正孔が拡散現象で動く勢いが釣り合うところで止まります。この状態でも，全体は電気的に中性ですが，それは境界両面にある正と負の電荷量が同じだからです。

　もし入射太陽光によって「余分の」電子と正孔の対が生まれると（それは，中性のn型とp型のシリコン中でも，境界部分であってもよいのです），電場によって分離されます。それによって電池の両側に電位差（電圧）を生じます。外部への電流が流れるようにしてあると，この「電圧」と「電流」の組合せが「電力」を生みます。これこそが太陽電池が目指すものです。

（ヨー・ヘルマンス著，村岡克紀訳：不確実性時代のエネルギー選択のポイント，pp.127-129，丸善出版（2013）より転載および一部改変し引用）

や生産性などからまだ実用的ではない。これに次ぐレベルは20％ぐらいで，1個のバンドギャップの半導体中で上のエネルギーに上げられた電子をなるべくロスなく電気出力させるようにさせたものである。実用レベルではあるが，製造コストが高い。

実用レベルのものは効率10％程度で，家庭用屋根設置パネルや**メガソーラ**と呼ばれる大規模太陽光発電所などで広く用いられている。これを用いれば，日本での平均電気出力は$150\,[\mathrm{W/m^2}]\times 0.1=15\,\mathrm{W/m^2}$が得られる。

② 太陽熱利用　太陽熱利用は，太陽光のエネルギーを熱にして応用するものである。ビルや一般家屋の壁を通じた室内温度上昇のような受動的熱利用もあるが，ここでは水のような受熱媒体を用いて熱エネルギーとして取り出す積極的利用だけを考える。

ここでも，入射太陽光エネルギーのうちで熱に変化する割合を「太陽熱利用効率」と呼ぶ。この効率を低下させる原因には，水を循環させる配管の表面での反射や，100～1 000℃の高温に加熱された水から周辺空気や機器への熱伝達損失などがある。しかし，このような太陽熱利用効率は50％程度が得られるので，太陽光発電効率よりずっと大きい。

太陽熱の利用法には，温水や冷暖房熱のような直接熱利用と，水を蒸気にしてタービン駆動させて発電する太陽熱発電方式の二つがある。前者は一般家庭の屋根上に設置された太陽熱パネルで昔からおなじみで，これからも利用が広がるであろう。平均的太陽光強度$150\,\mathrm{W/m^2}$について，効率50％で温水を入手できるとすると，$75\,\mathrm{W/m^2}$の温水入手が可能である。風呂等のための温水の一人当りの必要量を年平均500 Wとする。これは0.5 kWのヒータを年中つけっ放しにする場合と同等であるから，風呂，シャワー，温水暖房をかなり多量に使う消費量である。これはマッケイの単位では，$500\,[\mathrm{W/人}]\times 24\,[時間/日]=12\,\mathrm{Mk}$になる。500 W/人を得るためには$500\,[\mathrm{W/人}]\div 75\,[\mathrm{W/m^2}]=6.7\,\mathrm{m^2/人}$の屋根面積を温水入手に割く必要がある。これは一戸建て住宅では可能であろうが，多くの人が住んでいる大都会の集合住宅などでは難しい。

太陽熱発電は，30年余り前のオイルショックを契機にわが国を含めてかなり大規模な研究がなされたが，当初予定した出力が得られなかったため，その後の化石燃料供給の緩みにより棚上げになってきた。それが数年前からの再生可能エネルギーへの期待の高まりを受けて，世界的に急に大規模計画が打ち上げられ，また，一部実施され始めた。それは，①の太陽光発電に比していわば「ローテク」で保守管理が容易であることが要因である。また，熱エネルギーは電力よりは貯蔵が容易なため，貯蔵熱を使って曇天・雨天時や夜間の発電も可能なことも有利である。

　太陽光の熱への変換効率は少なくとも50％程度であるが，太陽熱発電では熱エネルギーから電力にするのに熱機関を用いるので，その効率40％以下というので全体効率が抑えられる。太陽光を熱に変えるのにつぎに述べるいくつかの方式が考えられているがそれぞれに一長一短があり，設置場所の状況や今後の実績などで選別が行われることになろう。

　熱機関は作動流体（多くは水）の加熱温度が高いほど高効率なので，その点では**タワー式**と呼ばれる方式が優れている。これはヘリオスタットと呼ばれる平面鏡を地面上に多数配置し，それぞれが中央に立っている塔（「タワー」）に集光するもので，この光の集中により加熱温度は1000℃ぐらいまで上昇できる。ヘリオスタットを太陽の動きに合わせて正確に追尾させて塔に集光させる必要があり，また出力を上げるために多くのヘリオスタットを用いればそれらすべてを一点に集光させるには塔を高くする必要がある，などの欠点がある。

　この欠点を緩和するのが「**トラフ（雨樋）式**」と呼ばれる方式で，円筒状の曲面鏡を用いてその前面に置かれた円筒状パイプ中を流す水を加熱するものである。太陽光の集中度が低くて水が流れる距離も長くなるので，加熱温度は400℃程度にしかならない。また，タワー式ほど正確ではなくても，太陽の動きに合わせて追尾させる機構も必要である。

　そのほか，**ディッシュ式**や，変わり種には**ソーラーチムニー（太陽熱煙突）**と呼ばれる，熱により駆動された空気の動きで風車を動かす試みもある。

　スペインでは，アンダーソル地方に「トラフ式」による40メガワットの大

規模発電所が建設されている。また，デザテックという組織は，太陽光が豊かな地中海域の国々に大規模な太陽熱発電所を設けて，高電圧直流送電線で需要地の北部ヨーロッパに送電する計画を提唱している（その後参加企業の撤退が続いて，計画が宙に浮いている）。

太陽熱発電による年平均発生電力は砂漠にあっても $15\,\mathrm{W/m^2}$ 程度とされているので，太陽光強度が強くない日本国内では発電効率 $10\,\%$ の太陽光発電による $15\,\mathrm{W/m^2}$ を越えるのは難しい。

③ **風力** 　風力によるパワーの発生のしくみは，風により風車のプロペラを回してその軸回転力で発電機を回すものである。風車を正面から見てその単位面積当りの出力パワーは，風速を v，空気の密度を ρ として $(1/4)\rho v^3$ になる。したがって，直径 d の風車により得られるパワーは $(1/4)\rho v^3 \times (1/4)\pi d^2 = (\pi/16)\rho v^3 d^2$ になる。

風車はその直径の 5 倍離して設置すればおたがいに干渉することなく出力が取り出せるとされるので，風車が土地の単位面積当りに発生できるパワー（すなわち「パワー密度」）は上に示したパワーを風車 1 基当りの面積 $(5d)^2$ で割って，$(\pi/400)\rho v^3$ となる。これを見ると，風車による地面の単位面積当りのパワーは風車の直径には直接には関係しない（ただし，大型風車では風速が大きい上空の風を受けるという点で，間接的ながら有利である）。

空気の密度は $\rho = 1.3\,\mathrm{kg/m^3}$ であるから，風車によるパワーはあと風速 v がいくらになるかだけで決まる。例えば，$v = 6\,\mathrm{m/s}$ とすれば $2.2\,\mathrm{W/m^2}$，$v = 7\,\mathrm{m/s}$ とすれば $3.6\,\mathrm{W/m^2}$ になる。

通常の風車は風速 $3\,\mathrm{m/s}$ 程度で運転を始め，$25\,\mathrm{m/s}$ 以上の暴風になると破壊を避けるために停止するように設計されている。風車から得られる平均パワーは設計風力で決まる「容量」（最大出力）に「設備利用率」と呼ばれる，その容量のどれくらいが得られるかを示す割合を掛けて得られる。通常，設備利用率は $30\,\%$ 前後である。そこでここでは，風速と設備利用率を含めて陸上風力を $2\,\mathrm{W/m^2}$，洋上では $3\,\mathrm{W/m^2}$ と，かなり大きめに仮定する（例えば，陸上での風速 $6\,\mathrm{m/s}$ はかなりの過大評価である）。

(3) **太陽光と熱，および風力の実用にあたって**

再生可能エネルギー設備の建設コストなどについて一言する。現在でも，風力エネルギー設備のエネルギー単価，すなわち1Jもしくは1kWh当りの価格は新鋭火力または原子力と同等であるとされている。また，太陽光発電のそれは4倍程度とされている。これらは今後の大量生産で低下していくであろうし，これから数十年という長いスパンで考えれば変換効率20％以上の太陽光発電パネルも大量生産されることであろう。それに応じて，ある出力を得るための必要土地面積も変換効率10％の場合の半分以下になる。したがって，再生可能エネルギーの主課題はその建設費ではなくて，広い敷地をどう確保するかに加えて間歇的エネルギー発生しかできない供給と需要のマッチングを取ることである。後者については，電力系統に**スマートグリッド**と呼ばれる需給調整機能を持たせる試みがなされている。砂漠での太陽エネルギー取込みには，電力に比して貯蔵が容易な熱エネルギーとする太陽熱発電が注目される所以でもある。

12.2.2 太陽光利用と風力以外の再生可能エネルギー

太陽光利用と風力以外の再生可能エネルギーについて，将来のエネルギー源としての可能性を，現在の日本のエネルギー消費量83Mkのかなりの部分を担えるかどうかを基準にして検討する。

① **水力** 黒部ダムなどの巨大ダムをもってしても，現在わずかに3Mkしか寄与していない。逆にいえば，これら巨大ダム完成時期の1960年前後から始まった日本の高度成長を支えたのは，安くて大量に入手できた石油やその後の天然ガス，および原子力であったことを再認識させられる（11.4.1項 Coffee Breakの図1参照）。今後の日本でまだ少しの，特に小規模水力の開発可能性があるとしても，3Mkを倍増するような可能性はない。

② **バイオマス燃料** 例えば，日本で得られる植物からのエネルギーをヨーロッパで得られるエネルギー密度$0.5\,\mathrm{W/m^2}$と熱帯のそれ$1.0\,\mathrm{W/m^2}$の中間として$0.8\,\mathrm{W/m^2}$としてみる。日本の国土面積の10分の1にバイオ植物を植え

☕ Coffee Break

電力貯蔵

電気エネルギーを利用する際の最大の問題は，大量に貯蔵できないことから生じます．すなわち，使う分だけの電力を発電機でいつも発生させてバランスを維持しなければならないのです．今後太陽光や風力による発電量が増えると，それらからの出力の大きな変動と使う分（「負荷」）のミスマッチにどう対処していくかが問われます．また，電気自動車など移動手段に電気を使うときにも，大量貯蔵の問題を避けて通れません．

電気をそのまま貯めるのにコンデンサー（容量）がありますが，これは貯える容量が小さいために短時間だけパワーを出すような目的以外には使えません．ほかには電力をほかの形のエネルギーにしておいて，必要なときに電気にする可能性があります．このうちで最も身近なものは電気エネルギーを化学的エネルギーにしておく電池で，その大型化によって電気自動車を駆動できるようになりました．しかし，その1回の充電による航続距離は 200 km 以下とされ，日本を含む各国で今後の容量アップに向けた開発研究が進められています．また，その別路線として水素エネルギーにして化学反応で電力を得る**燃料電池**も実用化を迎えています．より大規模な貯蔵法に，水をポンプで高い位置にある池に汲み上げてポテンシャルエネルギーにしておく揚水発電があり，電力発生の平準化に用いられています．しかし，もともとの電力の 70 %ぐらいしか回収できません．そのほかに，暖房用などあまり高温が必要でない場合には熱にしておく方法もありますが，これは元々のエネルギー源が電力である必要はありません．

たとすれば，マッケイの単位では $0.8 \, [\mathrm{W/m^2}] \times 295 \, [\mathrm{m^2/人}] \times 24 \, [時間/日] = 5.8 \, \mathrm{Mk}$ になる．国土面積の 10 %を割いてもこれでは，食糧との競合，日本の平地が 20 %以下であることまで併せ考えて，この可能性に多くを期待するのは断念したほうがよさそうである．

③ **地熱** 現在の日本の発電容量は 560 メガワットであるが，これはマッケイの単位では $5.6 \times 10^5 \, [\mathrm{kW}] \div (1.3 \times 10^8 \, [人]) \times 24 \, [時間/日] = 0.1 \, \mathrm{Mk}$ ときわめてわずかである．環境研究家のレスター・ブラウンは「日本には一万か所以上の温泉があるから，必要エネルギーの半分は賄えるはずだ」という．（独）産業技術総合研究所の試算では，国内の地熱資源量を 2347 万キロワッ

ト（2.3×10^{10} W）としている。環境省はそのうち446万キロワット（4.5×10^9 W）を「導入可能」とし，また日本地熱学会は国立公園でも開発できるようになって温泉との共存も可能な「ドリームシナリオ」で2050年の発電能力は1027万キロワット（1.0×10^{10} W）としている。これらは順に，4.2 Mk，0.8 Mk，1.8 Mk であるから，ここから多くを期待しないほうが良さそうである。

④ 波力　マッケイが評価したイギリスの場合はメキシコ湾流が西海岸に押し寄せているが，マッケイはその長さ当りのパワーは40 kW/m であるとしている。西海岸の長さをイギリスの人口で割ると，0.017 m/人になり，入手可能パワーはマッケイの単位では40〔kW/m〕×0.017〔m/人〕×24〔時間/日〕＝16 Mk になる。波力からのパワー抽出の実験は始まったばかりで，この理論値のどれくらいが回収可能かわからないようである。マッケイは，推測値を大略値として4分の1と仮定して4 Mk を求めている。日本の波力は，南からの黒潮と北からの親潮からの入手可能性がある。このうちの前者は東シナ海部と太平洋部，後者は日本海部と太平洋部があるが，イギリスに比して2倍である人口を考えれば，0.017 m/人以上の海岸線は確保できそうにない。したがって，日本の波力から化石燃料代替に意味のある寄与はできそうにない。

⑤ 潮汐力　イギリスの場合，マッケイは潮汐利用適地を挙げて検討して，水車群9 Mk，堰1.6 Mk，潮汐潟1.5 Mk の合計12 Mk が可能としている。日本では，有明海や瀬戸内海での利用可能性があるであろうが，筆者の知識では評価できない。また，漁業や海運などとの干渉には注意が必要である。検討してみる価値はあるが，人口が多い日本ではイギリスと同程度の出力を得ても，化石燃料代替に大きな寄与をさせるのは難しいであろう。

⑥ 廃棄物燃焼　マッケイはイギリスでの新鋭設備に各人が1 kg/人/日の生活廃棄物を持ち込めば，0.5 Mk が得られるとしている。農業副産物（稲藁など）や埋立地からのメタンガスからも同程度のようであるから，日本でもここから意味のある寄与は期待できない。

⑦ その他　**海洋温度差発電**など，そのほかにありとあらゆるエネルギー源を使う可能性が考えられているが，それぞれの特殊用途にはともかく日本の

ように人口密度が大きな国のエネルギー供給の助けにはならないであろう。

＊以上，「太陽光利用と風力以外の再生可能エネルギー」で日本の膨大なエネルギー消費 83 Mk に意味のある寄与をすることは期待できそうにない。しかし，これらエネルギー開発を行うことが無意味であるといっているわけではない。小さくはあっても，捨ててしまうよりは利用したほうがよいのは確かで，また，小さなコミュニティのエネルギーとなる場合もある。また，災害に際して緊急時必要最小限のエネルギー源にもなり得る。しかし，ここで強調したいのは，現代日本の歯車を定常的に動かしているのは 83 Mk という膨大なエネルギーであるという事実である。

12.2.3 再生可能エネルギーの最近の動きと今後の展望

再生可能エネルギーは地上での面積当りの密度が小さいのでそれを利用できる大きなエネルギー量にするには大きな面積を占める設備が必要になり，そのための技術も発展途上のものが多い。そのため，ほかの一次エネルギー源から得られるものに比べると高価になる。しかし，持続可能な社会を実現するには，再生可能エネルギー利用の促進は不可避であるとして，いろいろな取組みがなされている。

その中で最もよく知られているのは，1990 年にドイツで導入されて同国の再生エネルギー促進に大きな寄与をしてきた**固定価格買取制度**（Feed-in tariff, **FIT**）と呼ばれる制度である。これは発生エネルギーの kWh 当りの価格をほかの一次エネルギー源から得られる電力と同等以下になるように期間を固定してエネルギー供給業者を補助して再生可能エネルギーの導入を促そうとするものである。その補助金額は電力会社が負担し，それを電力消費者，すなわちわれわれが広く薄く負担するものである。日本では 2011 年 3 月に起こった福島原発事故によって事態の緊急性に気づいた政府が法制化を急いだ結果として 2012 年 7 月から導入され，買取後 20 年間固定した補助をすることになった。

買取価格は経済産業省に設けられた審議会で決定する。その価格は発電の種類や規模に応じて違っており，例えば太陽光発電で初年度 10 kW 未満は 42 円／

kWh で発足したが，翌 2013 年には技術の進歩や導入量が増えたことにより大量生産で安く設置できるようになったとして 38 円とし，その後値下がりが続いている。2013 年のその他の kWh 当り価格は，10 kW 以上の太陽光発電 37.8 円，20 kW 未満の風力 57.75 円，20 kW 以上の風力 23.1 円，1.5 kW 未満の地熱 42 円，20 kW 以上の風力 27.3 円，中小型水力 25.2～35.7 円（規模に応じて 3 区分），バイオマス 13.65～40.95 円（材質に応じて 5 区分）であった。

これによって再生可能エネルギー設備の設置は急速に進んだが，電力使用者の負担が増えるのをどこまで耐えられるか，また変動する再生可能エネルギーからの電力受容に送電系統などがどこまで耐えられるかについて，今後の推移に注目していく必要がある。

12.3 原　子　力

日本では**福島原発事故**の原因となった 2011 年 3 月 11 日の東日本大震災が，明治維新と第二次世界大戦敗戦に続く社会体制の大変革を迫られる事態であるとの認識が一般化している。そんな中で，原発が今後の日本のエネルギー政策の中に占める位置に関して国民的合意には達していない。他方，この事故は世界各国のエネルギー政策にも大きな影響を与えることになった。

原子力は一定出力を出せる大きな一次エネルギー源であるが，ここではそれに内在する問題点と現状を理解する範囲で，原理と現在までの経過をまとめる。

12.3.1　原子核からの一次エネルギーの獲得法と特徴
（1）　**質量変化（欠損）によるエネルギー発生と連鎖反応**

「物理学で最も有名な式」として知られるアインシュタインの式 $E=mc^2$ が意味するのは，質量 m の物質はエネルギー E に相当するというものである。ここで c は光速 3×10^8 m/s であるから，例えば 1 kg の質量は $1\times(3\times10^8)^2=9\times10^{16}$ J のエネルギーに当たる。これは莫大なエネルギーで，例えば図 11.3 に

示した日本の 2013 年の年間エネルギー消費量 1.4×10^{19} J を発生するには約 160 kg,水ならば約 160 L で良いことになる.

しかし,このことは「1 L の水を 9×10^{16} J のエネルギーに『パッ』と変えてしまう」手品のようなことができることを意味しているわけではない.そのための手続きが,原子核を壊したりくっつけたりすることで,それを量的に表現するのに**図 12.3** が使われる.元素質量は大部分が原子核に含まれる陽子と中性子の数で決まり,その数の和を**質量数**と呼び,陽子と中性子を原子核を構成する**核子**と呼ぶ.この図は,各元素の質量数を横軸に取って,縦軸にはそれぞれの元素の原子核に含まれる核子 1 個当りの質量を表示したものである.図から,核子 1 個当りの質量は鉄 Fe のあたりで最も小さくなっていることがわかる.したがって,鉄より右側にある重い原子核を壊してより軽い原子核に分裂できれば,または鉄より左にある複数の軽い原子核をくっつけて(融合させて)より重い原子核にできれば,それら反応の結果生まれた原子核の核子は反応前の核子より軽くなっている.それを質量欠損 Δm と呼び,この質量 Δm がエネルギー $(\Delta m)c^2$ になって放出されるのである.

エネルギー取得のための核反応のうちで,重い原子核を壊してより軽い原子核にするものを**分裂型**,軽い原子核をくっつけてより重い原子核にするものを

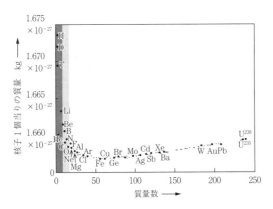

図 12.3 核子 1 個当りの質量を質量数の関数として示したもの.〔出典:プラズマ工学の基礎[4]〕

融合型と呼ぶ。例えば，水素 $_1H^1$（真ん中の H は水素 hydrogen の頭文字，前左下の 1 は原子核中の陽子の数，後右上の 1 は質量数を示す。水素の原子核には中性子がないので，陽子数と質量数が同じ）の質量は 1.673×10^{-27} kg，ヘリウム $_2He^4$ の質量は 6.647×10^{-27} kg なので，水素原子 4 個が融合してヘリウム 1 個を作れば 0.045×10^{-27} kg（$= 1.673 \times 10^{-27} \times 4 - 6.647 \times 10^{-27}$）だけの質量欠損が生じる。1 個のヘリウム生成が $0.045 \times 10^{-27} \times 9 \times 10^{16}$，すなわち 4.05×10^{-12} J のエネルギー発生につながるので，これが 12.2.1 項の当初に説明した水素が核融合した結果生じている太陽のエネルギー源である。地上での融合型を用いたエネルギー獲得の努力経過については，つぎの Coffee Break で述べる。

現在の原子力を担っている分裂型について特徴的なことは，中性子といういわば「自らは反応に関与せずに反応速度に影響を与える核反応における触媒的」なものがあって，条件によっては**連鎖反応**が起こることが特徴的である。この連鎖反応は，重い原子核に中性子を衝撃させるとその原子核が分裂する際に 2 個以上の中性子が発生され，その生まれた中性子がつぎの分裂反応を引き起こしてつぎつぎに反応が継続する状況をいう。

このような連鎖反応を起こし得て，供給量が多くて十分長い**半減期**（不安定な原子核は自然に崩壊して違う原子核になるがその過程は確率的に起こり，原子核が置かれた温度や圧力などにはよらず，個々の原子核固有で決まっている。そこで，原子核数の半分が崩壊する時間を「半減期」と呼ぶ）を持つ点から重要なものは，ウラン 233，ウラン 235，プルトニウム 239 の三種である。このうち天然に存在するのは半減期が長いウラン 235（半減期約 7 億年）だけで，ウラン 233（半減期約 16 万年）はトリウム 232 に，プルトニウム 239（半減期約 2 万 4 千年）はウラン 238 にそれぞれ中性子を吸収させたあとの核変換で生成する必要がある。

核燃料には中性子と衝突したときに分裂が起こりやすいかどうかも重要な要素で，それを数値で表すのに「核分裂断面積」が使われる。この断面積は中性子のエネルギーが大きくなるほどにその速度に逆比例的に小さくなるので，そ

の点で熱中性子による反応が有利である。そのため，現在稼働中の大部分を占めるウラン 235 を燃料とする原子炉では，水などを使って中性子の速度を落とし（「減速材」と呼ぶ。それは受け取ったエネルギーで加熱されて外部に取り出してエネルギー源にする。次項（2）参照）として熱中性子にして連鎖反応を起こさせている。

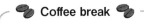

核融合―もう一つの原子力

　核融合による原子核からエネルギーを獲得する試みは分裂型とほぼ同時期の 1940 年代に始められました。しかし，ここでは分裂のときの中性子（電荷がない）のような容易に原子核内に入り込んで反応を起こさせる「触媒的」なものがないため，核融合をエネルギー源にするには 1 千万度以上の超高温にして原子核同士をそのクーロン反発力に打ち勝たせ，その温度と密度を一定時間維持しないといけません。そのため分裂型よりずっと困難で，現在もまだ実用化されていません。1950 年代初めに原爆を引き金にした「水爆」という爆弾の形での人工的なエネルギー解放がなされ得ることは実証されましたが，それをじわじわと連続的に出力を制御しながら起こさせるのが難しいのです。

　核融合をエネルギー源にする方法には二つのアプローチ，すなわち高温状態にした燃料（当初は，水素の同位元素である重水素とトリチウムとも呼ばれる三重水素が使われる予定）を磁場で閉じ込める方法（蒸気機関と同じように出力を連続的に取り出す）と，それよりずっと超高密度を短時間維持しようとする方法（内燃機関的）が追究されています。現在どちらも「原理検証」を行う実験を行っており，例えば磁場閉じ込め方式による**国際熱核融合実験炉**（International Thermonuclear Experimental Reactor, **ITER**）は，日本を含む 7 か国・地域（EU は一つの地域として参加）の国際共同研究として南フランスで建設が進んでいます。予定では 2025 年に実験が始まり，2040 年ごろまでには「核融合の科学的実証」を行うことになっています。順調に行けば 2040 年前後に**デモ**（**DEMO**）と呼ばれる経済的成立性も含めた実証実験に進み，それをベースにした実用的電力発生装置が 2060 年ごろには稼働しているはずです。核融合による原子力は暴走など起こさないという，原理的に安全であることが最大の特徴です。資源となる重水素とトリチウムは海水などからほぼ無限に入手できます。

（2） 蒸気機関型と内燃機関型

質量欠損によるエネルギーは発生した粒子の運動エネルギーになって放出されるので，それを有用なエネルギーにしなければならない．現在実用化されているものも含めて大部分は，その粒子の運動エネルギーを使って気体または液体を加熱し，その高温流体に機械的な仕事をさせる熱機関として用いている．

化石燃料を燃焼して駆動する熱機関には，蒸気機関と内燃機関がある．前者は連続的に発生する蒸気で発電機などのタービンや昔の蒸気機関車などに見られるようにシリンダーを駆動するもので，力学的な力は連続的に発生される．他方後者は，ガソリン燃焼自動車などに利用されているが，シリンダー内で爆発を起こさせてピストン面を間歇的に駆動し，それを繰り返して回転力を得る．分裂型質量欠損からのエネルギー取出しは当初から蒸気機関型で開発が進められてきたが，融合型では蒸気機関型および内燃機関型の両方での構想による研究が推進されてきた．後者の融合型は前述の Coffee Break で示したので，ここでは前者の分裂型を述べる．

第二次世界大戦が終わるとすぐ，米ソ英などの戦勝国は核分裂によるエネルギー発生をエネルギー源にする研究に取りかかったが，ここでは当初より「蒸気機関型」での構想が自明のことであった．それは，中性子を強く吸収する炭化ホウ素やカドミウム合金などの材料でできている制御棒の出し入れにより連鎖反応を制御して，中性子の発生と消滅をバランスさせて臨界状態を維持し，発生熱量を一定に保つものである．この消滅は，つぎの分裂反応に使われるのとほかの元素に吸収されたり燃料外へ逃げたりすることによっておこる．

分裂型原子力を実現するためには，① 核燃料，② 発生した中性子エネルギーを減速させる減速材，および ③ 発生熱を外部に取り出して有用な仕事をさせるための冷却材について，いろいろな選択の可能性がある．その中で，現在のところおもに実用されているのは，つぎの（3）に述べるように ① にウラン 235 を燃料とし，② と ③ に軽水減速および冷却とした**軽水炉**である．なお，「軽水」は普通の水（その分子は水素原子 2 個と酸素原子 1 個で構成された H_2O）のことで，原子力ではほかに水分子を構成する水素を重水素で置き換

えた「重水（D_2O）」も用いられるので，その二つを区別するために原子力分野では前者に「軽」をつける。

(3) 軽水炉の時代：ウェスチングハウスと GE

第二次世界大戦後に米ソ英カナダ各国がそれぞれの原子力開発を進め，1950年代以降には実証的な発電所を建設して，稼働を開始している。1950年代前半にはアメリカ・シッピングポート発電所，ソ連・オブリンスク発電所が，またイギリスでは1956年にコールダーホール原子力発電所が稼働を始めた。

これらは用いる燃料元素，減速材や熱取出しなどの多様な組合せの中から，それぞれの判断基準で選んで採用していた。天然ウラン中には，半減期が約7億年のウラン235が0.7％，半減期が約45億年と長いウラン238が99.3％含まれる。3％程度に濃縮したウラン235を燃料とし，軽水により中性子を減速させ，同時に熱取出しも行わせる「軽水炉」が早く実用化された方式であった。その一つはまず米海軍の原子力推進潜水艦ノーチラス号に用いられ，その後シッピングポート発電所に応用された**加圧水型（pressurized water reactor, PWR）**で，ほかの一つは**沸騰水型（boiling water reactor, BWR）**と呼ばれる二つの型式であった。

水は1気圧では100℃で沸騰するが，圧力を上げると沸騰温度が上昇し，逆に，圧力が低いと沸騰温度は低下する。この性質をどう利用するかで「加圧水型」と「沸騰水型」が分かれる。それぞれの標準的な部品配置を**図 12.4**に示

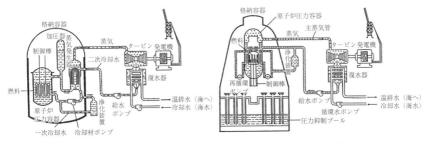

（a） 加圧水型原子炉（PWR）　　　（b） 沸騰水型原子炉（BWR）

図 12.4　軽水炉〔出典：工学/技術者の倫理[5]〕

す。この両者の外観上の明らかな違いは、前者に見える大きな部品「蒸気発生器」が後者にはないことである。両者とも「炉心」と呼ばれる部分でウラン分裂による発生エネルギーを熱に変えて外部へ取り出す。加圧水型での水は高圧（現在のシステムでは150気圧）にして蒸発しない温度（炉心出口温度315℃）にしており、それが一次循環系を構成している。その熱を蒸気発生器で二次循環系の水と熱交換させ、それにより発生した蒸気（多くの設計では60気圧で275℃）をタービン室へ導いて回し、「トルク」と呼ばれるその回転力で発電機を動かして電力を発生している。他方「沸騰水型」は、炉心で水を沸騰させてのエネルギー吸収と、結果として生じた蒸気でタービンを駆動させる役割を兼ねさせている。現在のBWRでは冷却系の圧力は75気圧に保持され、炉心温度は285℃である。

　この構成の違いが二つの方式の長所・短所を分ける特徴を生んでいる。すなわち、「加圧水型」では炉心で中性子照射を受けて放射化した水や含まれる不純物が発電所でのタービン、潜水艦でのスクリューなどの負荷部分に来ないので、放射線管理区域が限られて作業が容易である。しかし一次循環系の高圧にさらされる材料はより過酷な環境に耐えなければならない。また、熱交換に伴う熱損失があって、プラント全体の熱効率も沸騰水型より低くなる。

　「沸騰水型」は「加圧水型」と長所・短所が裏返しになっている。特に、当初開発が進められた米海軍のノーチラス号の場合には、その限られた空間の中で放射線管理区域をなるべく小さくすることが加圧水型を採用したおもな理由であった。さらに、蒸気部分では中性子の減速が非常に起こりにくいので、泡形成状況によって原子核反応が変わる。そのために沸騰水型では炉心での水の沸騰に伴う原子炉運転が不安定であること、水が上方で沸騰するので制御棒を下から挿入しなければならないことによる安全上の問題点が指摘された。しかし、その開発を進めたアイダホ国立研究所の研究者たちはそれらについて研究を進めて、加圧水型と同程度の運転ができることを示した。

　オークリッジ国立研究所で開発された「加圧水型」はウェスチングハウス（Westinghouse）社によって事業化がなされ、少し遅れてアイダホ国立研究所

で進められた「沸騰水型」の開発には GE (General Electric) 社が早い段階から関与して、その後事業化を行った。そして、この両方式が、1960年代以降の日本を含めた欧米世界の標準的な炉構成になっていった。

(4) 日本など各国での導入経緯

第二次世界大戦で壊滅的被害を受けた日本とドイツ、および連合国側ながら国内が戦場になって荒廃したフランスは、戦後すぐには「食うや食わず」の状態で、原子力開発など行う余裕などなかった。その後 1950 年代になって国力が回復するとようやくその機運が生まれたが、その段階ではすでに米英ソなど各国での研究が大きく進んでいた。それから現在に至るこの 3 国の歩みはたがいに非常に対照的なものになった。

日本では広島・長崎の経験から日本学術会議などを通じていろいろ厳しい討議がなされ、1955（昭和 30）年 12 月になって**原子力基本法**が制定された。これは、原子力開発を平和利用のみを目的とし、その際「公開」、「自主」、「民主」の三原則を基本方針とするというものである。その後、この法律は一部手直ししながら、現在までのわが国の原子力研究と開発および政策の基本方針となってきた。

1950 年代にまず何機かの研究炉が建設された後、1970 年代になって大規模な原子力発電所の建設にかかった。その際、当時の通産省が取った技術導入政策は非常に特徴的で、日本を二分した。一部の例外はあるものの、中部電力以北は「沸騰水型」、関西電力以南は「加圧水型」と決められた。そして、それぞれに対するアメリカのメーカーと技術提携する会社として、GE とは日立、東芝、ウェスチングハウスとは三菱重工業とした。これは最近に至るまで堅持され、それぞれの区域で特有の原子力技術文化を生んできた。このようなことで、2011 年に事故を起こした福島原発は沸騰水型で、原子炉メーカーは初期には GE、その後東芝と日立になった。なお、2006 年に東芝がウェスチングハウスを買収した結果、その後は以前と状況が大きく異なっている。

原子力発電所建設はチェルノブイリ事故などでのスローダウンはあったが漸増し、福島原発事故が起こる 2011 年初頭までには、54 機の原子炉で電力の約

30％（容量49ギガワット）を発生する基幹エネルギー源になった。ドイツとフランスは，原発に対して前者がずっと懐疑的，後者が積極的と，対照的な姿勢で現在に至っている。

　急激な経済成長を遂げている中国やインドなどの新興国家群は，成長を支えるためのエネルギー源のかなりの部分を原子力によって供給しようとしている。そのほか，ブラジル，トルコ，ベトナムなど経済成長が著しい国々はそれぞれのエネルギー需要に応えるために野心的な原子力発電計画を立案，および推進している。中国とインドを加えたこれら新興国の急増するエネルギー需要にどう対処するか，その中で原子力の寄与をどうするかは世界全体にとって今後の大きなテーマである。

12.3.2　原子力の問題点

以下に原子力の問題点を列挙する。

　① **崩壊熱**　　福島原発事故の原因が現在のわれわれに最も鮮明に残っている「問題点」である。そこでは，原子炉停止後の膨大な「崩壊熱」が原因であった。「崩壊熱」とは，ウランが分裂してできた元素が不安定な場合，さらにほかの元素に「崩壊」して出す熱のことである。炉心停止直後には稼働中の熱出力の6％。熱出力から電気出力への変換効率を約30％とすれば，福島第一原発一号機の電気出力46万キロワットとして，崩壊熱は$46 \times 3 \times 0.06 = 8.3$，すなわち約8万キロワットという巨大なパワーである。福島原発では地震と津波で全電源を失って冷却できなくなり，崩壊熱により1～3号機の炉心がメルトダウンした。このメルトダウンした高い放射能を持つ反応生成物が放出された結果，大気，海洋，土壌への深刻な環境汚染を引き起こしている。なお，崩壊熱は炉停止1時間後で熱出力の2％，24時間後で0.5％へと減少する。

　② **原子炉の暴走**　　炉心の臨界状態の維持に失敗すると最も厳しい「暴走」という事故に繋がる。1986年にはチェルノブイリ原発でそのような暴走から大爆発が起こって原子炉内の放射性同位元素を多量に含む燃料を撒き散らし

て，国を越えて深刻な被害を生じた。

③ **核廃棄物**　放射性廃棄物は，放射能強度により，「低レベル」と「高レベル」の二種類に分類される。前者は，作業員が用いた衣服や放射線管理区域で中性子照射を受けて放射性物質になったものなど，多岐にわたる。これらは放射能の程度に応じて埋設の深さを決めて，人体や生活圏への影響をなくしている。福島原発事故では，汚染された土壌や樹木などから大量の「低レベル」廃棄物が生じ，その処理が大きな問題になっている。他方，後者の「高レベル」核廃棄物は放射性同位元素を含む使用済み核燃料から生じるが，（1）まず廃棄物からの放射能が高い数十年を十分な監視下で管理したのち，（2）放射能が低くなってから数万年管理する。このうちの（1）はすでに実行されており，わが国では稼働中の原子炉から出る高レベル放射性廃棄物はそれぞれの発電所に保管ののち青森県六ヶ所村へ運び，そこで再処理したあと必要部分について数十年の保管を行うことになっている。ただし，この再処理施設もまだ動いていないのが現状である。他方，（2）については日本ではまだ候補地も決まらない状況である。欧米でも（2）のための立地選定に苦慮しており，処理場の建設を始めたのはフィンランドなど一部の国に限られている。これは野心的な原子力計画を進めようとしている中国をはじめとする新興国家群にとっても同様に重要で深刻な問題のはずである。

④ **核ジャック・テロ，核拡散**　テロ目的のために輸送途中などの核物質を狙ったハイジャックや，原子力発電所を狙ったテロ攻撃も危惧される。それは，例えばテロリストが原発に侵入して「フクシマ事故」と同様な崩壊熱冷却不能状態にすることを思えば想像できる。

※原発ではないが，国レベルでの核兵器拡散防止に向けて核不拡散条約（NTP）が結ばれ，IAEA（International Atomic Energy Agency，国際原子力機関）がその査察活動を行っている。また，米ソ間で2011年になって「新START」と呼ばれる包括的核兵器制限条約の締結および両国議会による批准が行われた。しかし，核兵器は5大国（米ソ英仏中）に加えてインドとパキスタンに拡散し，イスラエル，イラン，北朝鮮もその保持が疑われていて，その周辺の国々

を恐怖に陥れている。また，それらからテロリストの手に渡って「核テロ」に使われることも心配される。

⑤ **廃炉**　原子炉は約40年程度で寿命に達するとされるが，それは主として原子炉圧力容器が中性子などの高エネルギー粒子に照射された結果による構造材料の劣化が原因である。寿命を迎えた原子炉には，時間をかけた廃炉のプロセスが必要である。わが国の原子力は1970年前後から本格的な導入が進んだので，これから順次この段階を経ることになる。他方，福島原発は①の崩壊熱によって燃料がメルトダウンしていて，圧力容器外まで崩落しているので，そのような状態の廃炉プロセスは世界でも前例がない。試行錯誤で解決策を探り，数十年にわたる厳しい時期が控えている。

12.3.3　原子力の最近の動きと今後の展望

福島原発事故を受けて，先進国では「脱原発」に舵を切ったドイツやスイスなどと，原子力運用会社や組織に厳しいチェックを課しながら従来路線を推進するフランス，イギリス，およびアメリカなどにはっきり分かれた。また，中国やインドなどの新興国，および韓国は後者の部類に入る。

日本はまだはっきりした方針を出していないが，民主党政権時代（2009～2012年）の「減原発」からその後の自民党政権（2012年～）になって見直しの気運にある。チェルノブイリや福島のような事故以外に，増え続ける核廃棄物のことを考えれば，国民的な議論の下で方針を出す必要がある。

演習問題

(12.1)　一次エネルギー源を三つに大別し，それぞれの特徴と問題点を述べよ。

(12.2)　太陽定数について説明し，日本国内でそれを利用する方法によるエネルギー密度の数値を挙げて比較せよ。

(12.3)　BWRとPWRについて違いを説明し，特徴を述べよ。

引用・参考文献

1) U. S. Energy Information Administration, Annual Energy Outlook 2013 Early Release
2) 十市 勉：シェール革命と日本のエネルギー，日本電気協会新聞部（2013）
3) 日本太陽エネルギー学会編：太陽エネルギー読本，オーム社（1975）
4) 赤崎正則，村岡克紀，渡辺征夫，蛯原健治：プラズマ工学の基礎 改訂版，産業図書（2001）
5) 島本 進：工学/技術者の倫理，産業図書（2006）

13章　2050年に向けての
　　　エネルギー消費と供給見通し

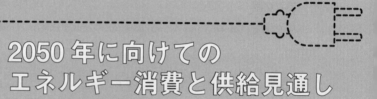

　以上4編の11章でエネルギー需給の推移を見た上で，12章ではそれを支える一次エネルギー，すなわち①化石燃料，②再生可能エネルギー，および③原子力の発生原理と特徴，および問題点を見てきた。これらの一次エネルギー源はそれぞれに，①資源偏在と環境汚染，②低いエネルギー密度と出力の間欠性(かん)(けつ)，③事故の危惧と放射能，というアキレス腱を抱えている。しかし，われわれの社会の「血液」といわれる一次エネルギー源としてはこれ以外にないのも事実である。これらをどう組み合わせてこれからの社会を動かす動力にしていくかを，「数値」を用いて考えるのが本章の主題である。

　日本の一次エネルギー源構成は図11.4に示したように，2013年のデータで総量 2.1×10^{19} J，**マッケイの単位**で 123 Mk（内訳にして，化石燃料が82％で 101 Mk，原子力が11％で 14 Mk，水力を含む再生可能エネルギーが7％で 9 Mk）である。国ごとに人口も一人当りのエネルギー消費量も違うが，その内訳やMkで表した消費も先進国ではあまり違いがなく，また新興国も急速にそれに近づこうとしている。したがって，以下の日本についての検討の大要は世界各国一般にも当てはまる。

　まず，これから2050年へ向けてのエネルギー戦略を立てる際の大枠を決める**省エネ**と**化石燃料削減**という二つの因子を考える。すなわち，前者により総エネルギー消費量がどの程度減らせるかということと，現在80％以上を供給している化石燃料を今後どう減らしていくかである。以下では13.1節でこの2課題について検討した上で，13.2節で「再生可能エネルギー」と「原子力」によるエネルギー供給量のそれぞれについて，前章の検討内容を基に考える。

さらに 13.3 節では，以上を基にした今後の見通しの総括を行う。

13.1 省エネと脱化石燃料

13.1.1 省エネ

まず，われわれが数十年後に消費するエネルギーは大部分が電力の形でなされるであろうことを指摘する．それは，新エネルギー源のほとんどが電力発生を意図しており，また電力を通じてのエネルギー利用が便利で，しかも運輸などでの利用効率も高いことによる．**電力化率**（最終エネルギー消費量に占める電力消費量の割合）のわが国を含む数か国の最近の推移を**図 13.1** に示す．現在の日本の電力化率は約 25 % であるが，これはつぎに示すように今世紀中葉までに 80 % 以上にもなり得ると予想されるのである．ただし，同じ電力化率という言葉を「一次エネルギーのうち電力に変換して利用する割合」の意味で使うこともあるが，これだと日本の 2007 年の値は約 44 % になる．

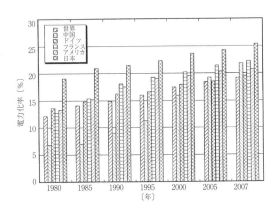

図 13.1 電力化率のわが国を含む数か国の最近の推移〔出典：エネルギー・経済統計要覧 2009, 2010 年版〕

11 章の図 11.3 に，日本の一次エネルギー需要（消費）の分野別推移を示した．2010 年現在で，産業部門 43 %，民生（家庭＋オフィスなどの業務）部門 34 %，運輸部門 23 % であった．

① **産業部門** 機械工業などは大部分のエネルギーの電力駆動が可能であろう．しかし，現行の鉄鋼プロセスではコークスの燃焼と炭素供給が不可欠で

あり，これらの分野では今後ともかなり長期間にわたって化石燃料使用が続けられるであろう。これら素材系のエネルギー消費が産業部門に占める割合は後の（2）で述べるように約74％であるが，これが今世紀中葉までに半減すれば43％×0.74×(1/2)～16％が化石燃料燃焼として残る。なお，石炭や石油を化学工業原料として用いるものはエネルギー源として使うものではないので，ここでは含めない。

② **民生部門** 家庭や商店，事務所ビルなどのエネルギー需要は，冷暖房のための空調，給湯・厨房，動力・照明でほぼ3分している。これらはいずれも電力駆動が可能であって，電力が化石燃料以外から得られれば電力化率100％が可能である。

③ **運輸部門** 自動車，鉄道，船便などの地上・海上輸送用エネルギーはすべて電力化率100％が可能である。例えば自動車の燃料だけについて比較すると，電気自動車は，一次エネルギーの40％の利用しかできない現在の電力を使ってもガソリン使用車より高効率である。将来は燃料電池駆動の輸送機関（fuel cell vehicles，FCV）が主流になるかも知れないが，この場合でも燃料の水素は水の電気分解などで作られる。航空機燃料は現状では化石燃料を使わざるを得ないようであるが，それは輸送部門エネルギーの1％以下である。これについても，バイオマス燃料や水素駆動のエンジンが開発されれば，脱化石燃料が可能になる。

以上を総合すれば，エネルギー需要（利用）の究極的な化石燃料依存度は，エネルギー需要の15％程度であると推定される。それも，長期的な技術革新によって小さくできる余地がある。長期的な技術革新とは，現在の製鉄プロセスでコークスが担っている熱と炭素（原料の酸化鉄をCO_2にして還元）の供給源を分けて，脱化石燃料にするなどの具現化を意味する。

以上のように2050年を展望すれば，エネルギー消費量の80％以上が電力を通じてなされると思われる。そしてこれからの電力供給は，太陽光発電や風力など熱機関を経ずに直接得るものが大きな割合を占めると思われる。そこで，

13.1 省エネと脱化石燃料

今後の省エネの検討は図11.4の一次エネルギー供給量の推移で見るのではなくて，図11.3の消費量を基にして行う．ただし，現在のエネルギー源の中で化石燃料の寄与は82％として扱う．

考慮すべきもう一つの要素は日本ですでに進行している人口減少の影響で，2040年ごろには1億人を下回る（現在から約30％減）とされている．そこで，毎年の全エネルギー消費量の推移ではなくて，一人当りのエネルギー消費量で考える．それを1年当りでなく1日当り（1/365）にして，エネルギーの単位をkWhにすれば，これこそマッケイの単位〔kWh/人/日〕≡Mkにほかならない．こうすることで，人口減少の効果を除外することができる．

① 産業部門　わが国の現在のエネルギー消費の約43％（40 Mk）を占めるが，その内訳は製造業93％，農林水産業3％，建設業4％，鉱業ほぼ0％である．このように圧倒的に大きな製造業のさらに内訳として，素材系74％（その内訳：鉄鋼36％，化学47％，窯業7％，紙パルプ8％），自動車や電機などの非素材系26％である．非素材系は，食糧や資源の多くを輸入に頼るわが国の支払いを支え続けなければならないことを考えれば，あまり削減の余地はない（$0.93 \times 0.26 = 0.24$）．したがって，ここでのエネルギー消費削減幅は素材系の省エネ，または新興国などへの製造移行の大きさをどう見込むかで決まる．極めて大雑把な見積りとして，素材系でのエネルギー消費を半減とする（$0.93 \times 0.74 \times 0.5 = 0.34$）．農林水産業と建設業は合わせても7％なのでそのまま現状維持とすれば，産業部門でのエネルギー消費は現状の約65％（24＋34＋7）にできることになる．これはマッケイの単位で，エネルギー消費を $40 \times 0.65 = 26$ Mkとすることに当たる．

② 民生部門　わが国の現在のエネルギー消費の約34％（31 Mk）を占めるが，その内訳は家庭41％，業務59％である．

家庭での消費内訳はそれを支えるエネルギー供給源から予想できるが，それらは灯油22％，ガス31％，電力47％（さらにその内訳は，テレビ10％，照明16％，エアコン25％，冷蔵庫16％，電気カーペット4％，その他の温水便座・食器乾燥器・衣類乾燥機など28％）である．灯油やガスが電力に移っ

て，それらに必要な機器やテレビ・照明・エアコンの省エネ化が進むであろう。しかし，過去40年での各種電気器具の新規導入（エアコン，パソコンなど）を思い出せば，今後まったく違う形での電力使用が生まれることが見込まれる。特に人口構成が高齢化するほど各種福利厚生設備（例えば，福祉ロボットなど）を通じての電力消費が増えるであろう。したがって，今世紀中葉での家庭でのエネルギー消費は頑張っても現状の横ばいが精一杯と思われる。これはマッケイの単位で約13 Mk に当たる。

業務分野のエネルギー消費内訳は，事務所・ビル19％，ホテル旅館19％，卸小売15％，病院11％，劇場・娯楽場9％，学校7％，飲食店3％，デパート1％，その他サービス等15％である。これからの高齢化社会およびサービス産業への移行を考えれば，今世紀中葉での業務分野でのエネルギー消費も頑張っても現状の横ばいが精一杯と思われる。これはマッケイの単位で約18 Mk に当たる。

③ 運輸部門　わが国の現在のエネルギー消費の約23％（22 Mk）を占めるが，その内訳は旅客部門61％（乗用車85％，公共交通機関6％など），貨物部門39％である。今世紀中葉での運輸分野でのエネルギー消費は，すべてを電化，または電力を用いた水素製造による燃料電池車化して半減を目指すことが可能であると思われる。これはマッケイの単位で約11 Mk に当たる。

以上を総合すれば，今世紀中葉でのエネルギー消費は，マッケイの単位で $26+13+18+11=68$ Mk にできることになる。2012年のエネルギー消費総量は83 Mk であったから $68/83=0.82$ になる。そこで，以下では省エネ目標として，エネルギー消費削減量を2011年3月の大震災後の省エネ機運などもあるので，上の数値よりさらにがんばって現状から30％とする。なお，2012年のエネルギー消費83 Mk は大震災前の値92 Mk （図11.3でリーマンショック前の値 1.6×10^{19} J/年から求められる）よりすでに約10％の省エネになっていることに注意しよう。

13.1.2 化石燃料削減

11.5節で述べたように,IPCCの第五次評価報告書 (2013-2014年) は「気候変動による2050年までの温暖化を2℃以内に抑えるためには,それまでの炭酸ガス排出量を半減する必要がある」と指摘している。発生エネルギー当りの炭酸ガス排出量は,多い順に石炭,石油,天然ガスである。天然ガスの発生エネルギー当りの炭酸ガス排出量は石炭の約半分である。最近になって新しいシェールガス採掘法が開発された天然ガス利用が増えているが,新興国を中心に埋蔵量が多い石炭消費も増える。そこで,ここでは炭酸ガス排出半減は化石燃料によるエネルギー発生量半減と考える。

一方,現在までのおもな炭酸ガス排出を行ってきた先進国は80%以上の削減が求められるであろう。そこで,上の「電力化率と脱化石燃料」の項で見たように,日本は化石燃料使用を最低限不可避の10%程度まで削減することを考える。

13.1.3 省エネと化石燃料削減のまとめ

以上をまとめて,今世紀中葉までに省エネでエネルギー消費削減30%,化石燃料利用率15%になるように,**図13.2**に書き込んでいる。この大枠の間のエネルギーを再生可能エネルギーと原子力によって供給しなければならない。

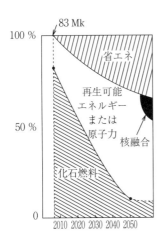

図13.2 今世紀中葉までの省エネと化石燃料削減を考慮して,再生可能エネルギーと原子力で供給すべきエネルギーの大きさ
「核融合」については12.3.1項 Coffee Break 参照。

図 13.2 では,現状から 2050 年に向けてスムーズな曲線で結んでいるが,以下では近似的にその間を直線的に変わるものとして考える。そうすれば,省エネによって約 40 年間に $83\times0.3=25$ Mk だけ減らすことになる。他方,化石燃料消費量はこの間に $83\times0.10=8$ Mk に減らすことになる。

したがって,2050 年には $83-25-8=50$ Mk を再生可能エネルギーと原子力により供給しなければならない。

13.2 再生可能エネルギーと原子力の可能性

13.2.1 再生可能エネルギー

これからの日本で大きなエネルギー供給を担い得る再生可能エネルギーは,12 章での検討から太陽光と風力である。これら再生可能エネルギーの 2050 年段階での導入可能性を決める最も大きな要因は,日本の国土が狭くて人口が多いことである。以下の数値は 12 章の検討に基づいているので,ピーク電力ではなくて平均電力を示す。

まず太陽光発電について,12 章での検討から平均出力 $15\,\mathrm{W/m^2}$ が得られる。日本の国土面積の 10 分の 1 を太陽光発電パネルで覆うとすれば,15〔$\mathrm{W/m^2}$〕$\times 2.9\times 10^2$〔$\mathrm{m^2/}$人〕$=4.4\,\mathrm{kW/}$人になる。これはマッケイの単位では 4.4〔$\mathrm{kW/}$人〕$\times 24$〔時間/日〕$=106$ Mk になる。このように,太陽光発電に国土面積の 10 % も割ければ,現在のエネルギー消費量 83 Mk すべてを支えるのに十分な量が得られる。ところが,日本の平地は国土の 20 % 未満であることも思い出す必要がある。そこはすでに農地,宅地,道路などで埋め尽くされていることは,旅客機から見下ろせばすぐわかる。山地を開くことは可能だが,国土のかなりの割合を太陽光パネルや次項で述べる風車に割くと,環境破壊とのバランスが問われることになる。また,農地転用許可制度を利用して耕作放棄地を太陽光発電に利用する動きも一部にみられるが,政府統計によれば 2015 年の耕作放棄地面積は約 42 万 ha で,これは国土面積 3 800 万 ha の約 1 % にすぎない。

13.2 再生可能エネルギーと原子力の可能性

　風力については，これも 12 章の結果から，陸上にも洋上にも国土面積の 10 分の 1 にびっしり風車を配置すれば，マッケイの単位でそれぞれから 2〔W/m²〕×2.9×10²〔m²/人〕×24〔H/日〕= 14 Mk, 3〔W/m²〕×2.9×10²〔m²/人〕×24〔H/日〕= 21 Mk の電力が得られる。

　風力発電に地上と海上にそれぞれ国土面積の 10 % も割くことができれば，2050 年には 35 Mk が得られる。また，太陽光発電と風車を同じ敷地内に設置することができるが，ただ風車の影になる部分は差し引く必要がある。

　環境省は平成 23（2011）年 4 月に，国内の陸上風力発電潜在量を 2 400 万～1 億 4 000 万 kW（2.4～14×10¹⁰ W）と評価している。これは 4.4～26 Mk であるから，陸地面積の 3～19 % に風車を設置することに当たる。この大きいほうの値 1 億 4 000 万 kW を実現するには陸地面積の 19 % を風車で覆うことになり，いかに野心的な計画になっているかがわかる。

　以上を総合して，再生可能エネルギーの 2050 年での導入可能量はどのように評価するのが妥当であろうか。最大値としては，太陽光発電で 11 Mk（国土面積の 1 % を発電パネルで覆う），風力で 3.5 Mk（陸上と洋上に，国土面積のそれぞれ約 1 % に風車を設置した場合に対応），および 12.2.2 項の「太陽光利用と風力以外の再生可能エネルギー」を最大限見積もった 10 Mk（水力 3.0 Mk＋地熱 2.0 Mk，および未知の技術の大発展を期待して波力，潮汐力，バイオを合わせて 5.0 Mk）の，合計約 25 Mk としよう。

　なお，以上は「大規模に使える太陽光発電パネルの効率は 10 %」を前提にしている。これが，価格や必要材料，および耐久性の点から，例えば 20 % のものでも使えるようになれば，同じ土地面積から 2 倍の出力が得られ，または同じ出力を得るのに半分の土地面積ですむことになる。ここには，日本の得意な技術開発の大きな動機がある。

13.2.2　原　子　力

　2010 年まで，原子力は 6 Mk を供給してきた。現在の環境下で可能性がある

のは，出力 0.5 GW 前後の原子炉を，その 2～3 倍の新型（したがって，福島第一原子力発電所事故の教訓を取り入れた安全性が高い）炉と置き換えることであろう．これにより，12 Mk 程度を見込むことはできるかも知れない．

13.2.3　再生可能エネルギーと原子力だけでダメなら……

以上の検討をもとにすれば，再生可能エネルギーと原子力で大いに頑張っても，その合計で，25＋12＝37 Mk しか増やせず，目標の 50 Mk の 74 % にしかならない．そこで，「溺れる者は藁をもつかむ」思いで考えられているのが，**地球工学（geo-engineering）** と **炭素捕獲貯留（carbon capture and storage，CCS）** である（つぎの Coffee Break にて説明）．ヨーロッパの識者には「温暖化はすでに現在手遅れになっているので，緊急避難的に地球工学を実施すべきである」という主張をする人がいる．しかし，前者はまったくの未知技術である上に，どのような副作用があるのか見通せない．他方後者の CCS もこれから実証実験をやらなければばらないが，化石燃料が持つエネルギーの数十％（約 30 ％と評価されている）をそれに費やして失うことになる．

13.3　エネルギーのこれから

本章で述べたように，今世紀中葉へのエネルギー供給目標の実現には大きな困難が予想される．それを克服するには，13.1.1 項で検討した「省エネ」を「厳しく」し，「化石燃料削減」を「ゆるく」させることしかない．

省エネを今後約 40 年間で 13.1.2 項での評価値 30 ％の代わりに，例えば 50 ％にするためには，われわれの生活スタイルを根本的に変える必要がある．それは，13.1.1 項で示した今世紀中葉のマッケイの単位でのエネルギー消費目標，26（産業部門）＋13（家庭）＋18（業務）＋11（運輸）＝68 Mk をあと 22 Mk 削って 46 Mk にする必要があることを意味する．化石燃料削減をゆるくしてしかも炭酸ガス排出を現状の 85 ％削減するには，石炭・石油の代わりにエネルギー量当りの炭酸ガス排出が小さい天然ガス（といっても，石炭の半

☕ Coffee Break ☕

地球工学と炭素捕獲貯留

「地球工学」は，「人工的手法によって，地球環境を人間およびほかの生物の生存のために維持，または改善しようとする学問」とされています。炭酸ガス排出による地球温暖化が深刻になって，本格的な関心を持たれ始めた分野で，例えばつぎのような検討がなされています。① 大気圏外に太陽光の反射体（スクリーンや金属，さらにはエアロゾルなどの微粒子など）を置いて，地球に届く太陽光パワーを下げる，② 太陽光の吸収が大きな海洋に反射体を浮かべて，そこに届いた光を反射して宇宙空間にはね返す，③ 海洋に鉄分を補給してプランクトンの生育を促進し，その光合成により炭酸ガスを減らす。

最も穏やかな地球工学は砂漠の緑化で，光合成による炭酸ガスを減らすことに加えて，生活環境改善の効果が大きい（これを「地球工学」の一つに入れるかどうかはともかく，最近の黄砂被害の増大を思えば，砂漠緑化の緊急性はきわめて大きい）。

「炭素捕獲貯留（CCS）」は**二酸化炭素隔離**などとも呼ばれ，化石燃料燃焼の結果生じる炭酸ガスを空中に出す前に捕獲して，地中または海底に隔離貯留することを目的とした技術です。車などの小規模放出源にCCSを用いても効率が悪いので，火力発電所などに設置することを予定しています。この点からも，輸送用には発電所で発生した電力を使う電気自動車などへ移行するのが必然と思われます。捕獲法には，溶液や固体などに吸収させる方法，ゼオライトなどでの吸着において細孔サイズによる分子篩（ふるい）効果を利用する方法，多孔質膜を通過させて透過速度の違いを利用する方法など，多くの方法が提案され，試験されています。貯留には，地中の帯水層や油田などへの封入，海底への沈着などがあり，一部実用化もされています。

CCSは，現在ドイツなどで実証試験が行われていますが，その成否は排出権取引における炭酸ガス価格がどう設定されるかで決まってきます。それは，CCSのための装置の運転に数十％のエネルギーを使い，またそのための設備への初期投資もあって，燃料価格が1.5〜2倍にも上がると考えられるためです。

CCSの問題点として，貯留が不完全で漏れる可能性があることです。例えば，海洋貯留の場合に漏れれば，海洋の酸化を促進させることが危惧されます。

なお，CCSは人間が発生した炭酸ガスを大気中から隔離して環境への影響を少くしようとするものですから，地球工学の中の比較的穏やかな技術と見ることもできます。

分)に乗り換えるぐらいではとても足りない．これらを実現する方法を模索するにはわれわれの意識改革が必要で，本書のような理工学に加えて，社会学ないしは政治学的アプローチも必要になるであろう．

理工学で「ダークホース」と目されるのが，第12章12.3.1項のCoffee Breakで述べた核融合エネルギー獲得のスピードアップである．特に，「先端技術を拓くことによってしか新興国に対抗できない」という視点からも，ITERを設置しているフランスを中心とするヨーロッパでその動きが大きい．例えば，2050年までに商用発電を行うという「加速（fast track）計画」が熱心に議論されている（もしこれが実現できれば，図13.2で2060年から立ち上がることになっている**核融合**によるエネルギー供給が2050年からにできる．その導入スピードも図の立ち上がりより大きくできれば，メリットはきわめて大きい）．

これら「省エネ」と「化石燃料削減」という二つの方策，CCSや核融合実現のスピードアップ，さらには地球工学を採用するかどうかも含めて，再生可能エネルギーと原子力の1年当りの増加要求分を抑えるにはどのような方法が可能かを検討するには，国民的コンセンサスを得ながら世界全体で取り組む必要がある．これは，2050年をにらんで今後の人類の存続をかけた最大のテーマである．

演習問題

(13.1) 「電力化率」について二つの定義を述べ，2007年データでのそれぞれの値を示せ．

(13.2) 今後2050年に向けての「省エネ」の可能性を，その根拠とともに示せ．

(13.3) 「地球工学」と「炭素捕獲貯留」について説明し，その得失を述べよ．

演習問題解答

1章

(1.1) $W = S\sigma T^4$
$S = 0.5 \times 10^{-3} \times \pi \times 10 \times 10^{-2} + (0.25 \times 10^{-3})^2 \times \pi \fallingdotseq 1.57 \times 10^{-4}$
∴ $W = 1.57 \times 10^{-4} \times 5.67 \times 10^{-8} \times 2773^4 = 526.4 W$

(1.2) $2200 \times 1.316 = 3300 \times \lambda \rightarrow \lambda = 0.877 \mu m$

(1.3) $1.000 = (A/0.8^5) \times \exp(B/0.8 \times T)^{-1}$ （1）
$0.572 = (A/0.65) \times \exp(B/0.6 \times T)^{-1}$ （2）
ここで B = 14380 〔μ·K〕である。
式（1）より, $\exp(B/0.8 \times T) = A/0.3277$ ∴ $B/0.8 \times T = \ln A + 1.116$
式（2）より, $\exp(B/0.6 \times T) = A/0.0445$ ∴ $B/0.6 \times T = \ln A + 3.112$
∴ $B/T = 1.996/(1/0.6 - 1/0.8) = 4.787$
∴ $T = 14380/4.787 = 3003.9$ 〔K〕

2章

(2.1) ① ○ 明所視ではL錐体・M錐体・S錐体の三種類の錐体細胞が機能するが、暗所視では桿体細胞のみが機能するため、色を識別することはできない。
② 暗順応に要する時間は30分～1時間であるのに対し、明順応に要する時間はおおよそ40秒～1分程度と<u>短い</u>。
③ ○ 図2.7に示す標準分光視感効率より、波長400 nmの光を人間の目はほとんど知覚できないが、波長550 nmの光についてはほぼ最大感度で知覚することができる。
④ 薄明視の分光視感効率は、<u>目が順応している明るさのレベルによって異なる</u>。
⑤ （図2.5より）瞳孔径は加齢に伴い暗所視で特に小さくなる傾向にある。

(2.2) $E = d\Phi_v/dS = (300 〔lm〕 + 600 〔lm〕)/(3 〔m〕 \times 2 〔m〕) = 150 〔lx〕$

(2.3) $M = \rho E = 0.7 \times 150 〔lx〕 = 105 〔lm/m^2〕$

(2.4) $I = \Phi_v/4\pi = 3000 〔lm〕/4\pi 〔sr〕 \fallingdotseq 238.7 〔cd〕$

(2.5) $L = dI/dS\cos\theta = 100 〔cd〕/\cos 60° = 200 〔cd/m^2〕$

(2.6) $R_a = \sum_{i=1}^{8} Ri/8 = (80+90+85+82+88+90+94+87)/8 = 87$

(2.7) 無彩色はRGBを等量ずつ混色したもので $x = y = z$ となるので
$(x, y) = (1/3, 1/3)$

(2.8) 口絵 4 に示すマンセル色相環より，7.5GY の色相は黄みの緑である。
反射率 ρ は，式 (2.10) に基づき
$\rho = V(V-1) = 6 \times (6-1) = 30$
となり，反射率は約 30 ％と求められる。

3章

(3.1) 3.1.1，3.1.2 項参照
(3.2) 3.1.2 項参照
(3.3) 3.2.1 項参照
(3.4) 3.3 節参照
(3.5) 3.3.3 項参照
(3.6) 3.4.1 項参照
(3.7) ①寿命が長い。
②反射板などの器具を用いなくても，光源のみでの配光制御が可能である。

4章

(4.1) ① 面積が大きくても距離が離れていれば，見かけの大きさは小さくなる。視対象物の視角は大きいほど視認性が高まる。
② 指向性の強い光のみを照射すると，立体物表面に強い陰影が生じ，モデリングが悪くなる。立体感を適切に演出するには，<u>指向性の光と拡散性の光をバランスよく照射する</u>ことが重要である。
③○ 表4.1 より，執務室は UGR 値が 19 以下となるように設計すればよい。
④○ グレアの抑制方法としては，ⅰ) グレア源の遮光，ⅱ) 反射面の反射率を下げる，ⅲ) 高反射率の面に光が当たらないようにする，ⅳ) グレア源の輝度を抑える，などが考えられる。
⑤ 原色の赤色の見えの正確さは，特殊演色評価数 R9 で評価されるため（2.3.5 項参照)，平均演色評価数だけでなく，<u>特殊演色評価数 R9 の値が高い光源を採用する</u>。

(4.2) $\mathrm{UGR} = 8\log\left(\dfrac{0.25}{L_b} \times \sum \dfrac{L^2 \omega}{P^2}\right) \leq 19$

$L \leq \sqrt{\dfrac{10^{\frac{\mathrm{UGR}}{8}} \times L_b \times P^2}{0.25 \times \omega}} = \sqrt{\dfrac{10^{\frac{19}{8}} \times 100 \times 1^2}{0.25 \times 0.01}} \fallingdotseq 3\,080\ \mathrm{cd/m^2}$

(4.3) ① 全般照明は空間全体を均等に照らすことを目的とした照明方式のため，<u>配光角の広い光源を採用する</u>。
②○
③ 表4.3 の分類より，照明器具から上方向と下方向に届く光の割合がほぼ等しい照明方式は<u>全般拡散照明</u>である。
④○ 作業領域周辺の空間を照らす照明と作業領域を照らす照明をわけることで，高照度に設定する範囲を減じ省エネルギー化を図る照明方式をタス

演習問題解答　207

ク・アンビエント照明方式という。
⑤ 光源Bの方が光源Aよりも配光角が広いため，光源Bで照明したほうが空間全体が均等に照明される。

(4.4) 点Pと光源Aは垂直な関係にあるから，図4.7（a）と式（4.9）より
　　　8 %　　−　　5 %　　−　　2 %　　+　　1.4 % = 2.4 %

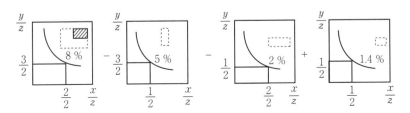

図 A.1

点Pと光源Bは平行な関係にあるから，図4.7（b）と式（4.8）より
　　　1.8 %　　+　　4.7 %　　+　　1.0 %　　+　　2.6 % = 10.1 %

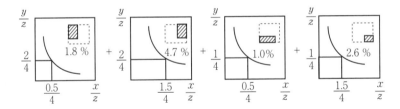

図 A.2

(4.5) 光源直下から30°方向の光度は，配光曲線図より 105 cd/1 000 lm であるから，点Aに対する光度 I_θ は
$$I_\theta = 105 \times (3\,000/1\,000) = 315 \text{ cd}$$
よって

水平面照度　$E_h = \dfrac{I_\theta \cos^3 \theta}{r^2} = \dfrac{315 \times \cos^3 30°}{3^2} = 22.73 \text{ lx}$

鉛直面照度　$E_V = \dfrac{I_\theta \sin \theta}{(r/\cos\theta)^2} = \dfrac{315 \times \sin 30°}{(3/\cos 30°)^2} \fallingdotseq 13.13 \text{ lx}$

(4.6)　$I(45°) = I_0 \times \cos 45° = 1\,000 \text{ cd} \times \cos 45° \fallingdotseq 707 \text{ cd}$

$E_h = \dfrac{I_\theta \cos \theta}{(r/\cos\theta)^2} = \dfrac{I(45°) \times \cos 45°}{(2[\text{m}]/\cos 45°)^2} = 62.5 \text{ lx}$

(4.7) 室指数 $K = \dfrac{XY}{H(X+Y)} = \dfrac{10 \times 6}{(2.8-0.8)(10+6)} = 1.875$

表4.6の照明率表で，天井の反射率70％，壁50％，床10％の列を見ると，室指数1.5で照明率は0.53，2.0で0.59であるから，比例配分して室指数1.875に対する照明率を求めると

$$照明率 U = \dfrac{(0.59-0.53)}{(2.0-1.5)} \times (1.875-1.5) + 0.53 = 0.575$$

1台あたり2灯のランプが取り付けてある照明器具が8台，ランプ1灯あたりの光束は4950 lm，保守率は普通（表4.6より0.69）であるから，平均照度 E は

$$平均照度 E = \dfrac{(8 \times 2) \times 4\,950 \times 0.575 \times 0.69}{10 \times 6} \fallingdotseq 573 \text{ lx}$$

(4.8) 式(4.14)より，平均照度750 lxを確保するために必要なランプ灯数 N は

$$ランプ灯 N = \dfrac{750 \times (10 \times 6)}{4\,950 \times 0.575 \times 0.69} \fallingdotseq 22.9$$

したがって，照明器具としては12台以上必要となる．最大取付間隔は，表4.6より

$$短手方向 (A-A) = 1.5H$$
$$= 1.5 \times (2.8-0.8) = 3.0 \text{ m}$$
$$長手方向 (B-B) = 1.3H$$
$$= 1.3 \times (2.8-0.8) = 2.6 \text{ m}$$

であるから，例えば，図 **A.3** に示すような照明器具の配置案が考えられる．全点灯により過剰となる照度については，調光制御で出力を抑え，省エネルギー化を図るのが望ましい．

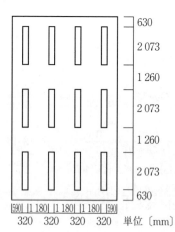

図 **A.3**

(4.9) ① 照度＝入射光束÷受照面の面積であるから
作業面に必要な入射光束 $F=$ 平均照度 $E \times$ 面積 A
$= 750 \text{[lx]} \times (10.0 \text{[m]} \times 8.0 \text{[m]}) = 60\,000 \text{[lm]}$

② 光束法の式より
$$U = \frac{EA}{FM} = \frac{750 \text{[lx]} \times (10.0 \text{[m]} \times 8.0 \text{[m]})}{(3\,200 \text{[lm]} \times 16 \text{[台]} \times 2 \text{[灯/台]}) \times 0.75} \fallingdotseq 0.78$$

③ LED ランプに交換した場合の照明率 U' は
$U' = 1.05 U \fallingdotseq 0.82$
作業面平均照度 500 lx を確保するために必要な点灯器具台数 N は
$$N = \frac{EA}{FU'M} = \frac{500 \text{[lx]} \times (10.0 \text{[m]} \times 8.0 \text{[m]})}{2\,800 \text{[lm]} \times 0.82 \times 0.75} \fallingdotseq 23.2$$

500 lx を下回ってはならないため，24 灯は点灯しなければならない。すなわち，照明器具としては 12 台点灯させる必要がある。
したがって，間引くことのできる器具台数は
$16 - 12 = 4$ 台
また，消費電力の削減率は
$$\frac{28 \text{[W/灯]} \times (12 \text{[台]} \times 2 \text{[灯/台]})}{32 \text{[W/灯]} \times (16 \text{[台]} \times 2 \text{[灯/台]})} = 65.6\,\%$$
となり，消費電力は 34.4 ％削減できる。

5章

(5.1) さつま芋全体の顕熱は，$0.75 \times 0.2 \times (100-20) = 12.0 \text{ kcal}$
芋に含まれた 20 ％の水分の蒸発潜熱は，$0.2 \times 0.2 \times 540 = 21.6 \text{ kcal}$
∴ $12.0 + 21.6 = 33.6 \text{ kcal}$
　※ここでは，必要熱量の 64 ％，顕熱の 1.8 倍の熱量が蒸発に消費されていることに注目してほしい。

(5.2) 電力容量 W，印加電圧を V，電熱線の電気抵抗を R とすると，$W = V^2/R$ であるから，W を 1.2 倍にするには R を $1/1.2$ に，小さくする必要がある。R は長さに比例し，断面積に反比例する，すなわち線径の 2 乗に反比例する。したがって新しい電熱線は長さを $1/1.2$ に，すなわち元の 83.3 ％の長さまで約 17 ％短くする，あるいは線径を $(1.2)^{1/2} = 1.095$，すなわち 10 ％近く太くすればよい。

(5.3) $0.5 \text{[m}^3\text{]} \times (1.00 \times 10^3 \text{[kg/m}^3\text{]}) \times (100℃ - 25℃) \times 4.18 \times 10^3 \text{[J/(kg·K)]}$
$= 156.75 \times 10^6 \text{[J]}$
∴ $4 \times 10^3 \times 0.9 \times t = 156.75 \times 10^6$
∴ $t = 43.54 \times 10^3$ 秒 $= 1.21$ [時間]

(5.4) 水分 1 kg の 100℃ までの顕熱は，水の比熱を 1 kcal/(kg·℃) とすると
$(100 - 20) \times 1 = 80$ [kcal/kg]

これに潜熱分を加えて，水1kgの蒸発に必要な熱量は
$80+540=620$ [kcal/kg]
電熱乾燥設備の電力容量を Q [kW] とすると，これから乾燥のために得られる1時間当りの熱量は，$Q\times0.6\times860.0$ [kcal] となる．
∴ $Q\times0.6\times860.0=620$
∴ $Q=1.20$ [kW]
一般的に，時間当り1kgの水分を蒸発させるには，大雑把に1kW強の電力設備が必要になる．

(5.5) 炉外壁温度を T_S とおくと
$q/S=(\lambda/L)(T_H-T_S)=h(T_S-T_A)$ [W]
これに，$\lambda=0.8, L=0.5, h=8, T_H=500, T_A=20$ を入れると，
$T_S=100$ ℃, $q/S=640$ [W/m^2] $=550$ [kcal/(h·m^2)]

(5.6) 熱流束の式は次式で示される．
$q=(\lambda S/L)(T_H-T_S)$ [W]
∴ $q=0.26\times\pi(0.5)^2/0.5\times(700-430)=110.2$ [W]

(5.7) 表面伝導率を h とする．
$P=h(300-20)$ → $P=(h/4)(x-20)$
∴ $300-20=(x-20)/4$
∴ $x=1\,140$ ℃

(5.8) $\phi=\varepsilon\times\sigma\times S_1\times F_{12}\times(T_1^4-T_2^4)$

(5.9) ① $T=PR(1-\exp(-t/RH))$
$t\to\infty$ ∴ $T=PR=10\,000\times0.14+25=1\,425$ ℃
② $800=1\,500(1-\exp(-t/300))$
∴ $0.533=(1-\exp(-t/300))$
∴ $\exp(-t/300)=0.467$
∴ $-t/300=-0.762$ ∴ $t=228$ [s] $=3.8$ [分]

6章

(6.1)

【抵抗加熱の原理】
　電気抵抗体に電圧を印加すると，電流が流れる．このとき電子の流れが抵抗を受けるため発熱する．この熱をジュール熱といい，これを利用した加熱が抵抗加熱である．

【抵抗加熱の特徴】
　比較的構造が簡単で，投入電力の調節なども容易であり，さまざまな形に対応できるため，抵抗加熱炉は幅広い用途に利用されている．

【用いられるヒータ】
　ヒータにはいろいろな材質のものが用意されており，使用温度範囲，比抵抗値など，目的に合致したものを選択する．

おもな電熱線としては，Ni-Cr系，Fe-Cr-Al系などのほか，高温用に，W，Mo，あるいは非金属系の炭化ケイ素，二ケイ化モリブデンが用いられている。使用温度範囲は1 600℃程度までもあり，かなり広い範囲をカバーしている。

(6.2) 【赤外放射加熱用のヒータの種類】
「近赤外放射加熱用のヒータ」と「遠赤外放射加熱用ヒータ」がある。
【赤外放射加熱用のヒータの特徴】
「近赤外放射加熱用のヒータ」 透明な石英管の中に，Arガスなどとともに封じ込めたW，Moフィラメントに通電し，2 000℃あるいはそれ以上に加熱し，まばゆい光（可視光）と共に，波長域1 μm近傍を中心とした，近赤外放射を得るもので，遠赤外放射ヒータよりも，高電力を印加し，高パワー放射を利用した，大型，高速処理の加熱乾燥装置で活躍している。

「遠赤外放射加熱用ヒータ」 各種放射特性（分光放射スペクトル）を持った種々のセラミックを放射体として用い，これを通常の電熱線で加熱することにより，放射体から遠赤外放射を得ている。その形状には，管状のセラミック放射体の内部に電熱線を挿入したものや，平面あるいは曲面状のセラミック板の裏側に面状の電気抵抗体を取り付けたタイプや，セラミック体内部に電熱線を鋳込んだものなどがある。

セラミックの性質上，耐熱衝撃性などにあまり優れていないため，一般にこれらヒータの使用温度は通常は700℃程度，特殊なタイプで900℃くらいであった。したがって，高パワーで用いるというよりは，熱的にセンシティブな食材，有機物，高分子物質など，従来効率的かつ細やかな加熱処理を行うのに苦労していた分野において，その効果を発揮している。

(6.3) 【誘電加熱・マイクロ波加熱の原理】
絶縁体の加熱を目的とする。これらの物質は電界が掛けられると，イオンや双極子などが電界の方向に，電気双極子として配向し，交番電界に対して追随するが，遅れを伴うので電力損失が生じ，これに伴って発熱する。
【誘電加熱・マイクロ波加熱の特徴】
周波数は10〜40 MHzであるが，水分子の加熱を目的とする場合は，2.45 MHzを用いたマイクロ波加熱がよく知られ，家庭用の電子レンジとして広く用いられている。産業用としては，樹脂類の溶着（高周波ウエルダ），木材の接着加工，乾燥のほか，食品の加熱・乾燥にも用いられており，また，ハイパーサーミアにも試みられている。物体内部への加熱や加熱速度の速さといった特徴を持つ。

(6.4) 【誘導加熱の原理】
電磁誘導により，交番磁界中においた導電体の渦電流によるジュール熱，およびヒステリシス損で導電体自体を加熱させる方法で，商用周波数から数百kHzの高周波数領域までの広い周波数で利用されている。

【誘導加熱の特徴】

　金属の溶解，焼入れ・焼き鈍しなどの熱処理，ロウ付けその他の熱加工などに用いられ，またワークの種類，形状，大きさ，加熱部位などに応じ，さまざまな構造および周波数の炉体が用意されている。また家庭用の電磁調理器としても，利用されるようになっている。

(6.5) 【アーク加熱・プラズマ加熱の原理】

　通常は大気圧下において，空間に強い電界を掛け，電離状態を起こし，これを加速させることで絶縁破壊状態を生み出して，大電流が流れるアーク放電現象を形成させる。この状態がプラズマ状態であり，アーク柱から発生する高輝度・高温を利用するのが，アーク加熱である。

【アーク加熱・プラズマ加熱の特徴】

　アーク加熱は5 000 ℃から20 000 ℃の超高温が得られ，また高いエネルギー密度も得られるので，鉄鋼の溶解，精錬など，大型で大電力を要する設備として，広く用いられている。中型あるいは小型の装置としても用いられ，加工やアーク溶接にも用いられている。大型の炉としては通常黒鉛電極を3本用いた，エルー炉と呼ばれる3相アーク炉が一般的であるが，電極が2本の単相の炉もあり，特殊なものでは上部からの電極が1本の直流あるいは交流のジロー炉という形式もある。

　また，プラズマ加熱は局部的な加熱や，より高温な状態の利用，薄板加工，溶射などの分野でもその特徴を発揮している。

7章

(7.1)　A：ウ　B：エ　C：イ　D：ア　E：オ
(7.2)　A：ウ　B：オ　C：イ　D：エ　E：ア

9章

(9.1)　リチウム電池（リチウムイオン電池ではない。起電力約3.0 V）
　　　（負極−）　Li|LiBF$_4$プロピレンカーボネート溶液|MnO$_2$　（正極＋）
　　　小型薄型で起電力・容量ともに大きく，コイン型の電池として広く用いられる。

(9.2)　ニッケルカドミウム電池（起電力約1.3 V）は
　　　　　　（負極−）　Cd|KOH$_{aq}$|NiO(OH)　（正極＋）
　　　ニッケル水素電池（起電力約1.3 V）は
　　　　　　（負極−）　H$_2$（水素貯蔵合金）|KOH$_{aq}$|NiO(OH)　（正極＋）
　　　であり，ニッケル水素電池は負極を活物質である水素を大量に吸蔵できる金属に換えたことで，容量が大きく改善された。

　　　※なお，ニッケル水素電池には有害なカドミウムを用いなくて済むという利点もある。電池に限らないが，すべての工業製品は製造・利用・廃棄まで環境に配慮すべきであると心得よ（Life Cycle Assessment, LCA）。

(9.3)　(1) 酸化　(2) 4.71　(3) 1.5　(4) 有機　(5) イオン化傾向

演習問題解答　213

(9.4)　(1) ホ　(2) カ　(3) イ　(4) ワ　(5) チ

10章

(10.1) 陽極は銀がイオンになって溶出するので，質量は減少する。逆に陰極は，電極表面に銀が付着していくので，質量は増加する。

(10.2) ① 電極に用いた白金（Pt）と水溶液中の硝酸イオン（NO_3^-）は水よりも酸化も還元もされにくいので，反応しない。残った銀イオン（Ag^+）と溶媒の水（H_2O）のうち，還元されやすい銀イオンが陰極で還元され析出し，陽極では水が酸化され酸素が発生する。したがって，両極で起こる反応はつぎのとおりである。

陰極　$Ag^+ + e^- \rightarrow Ag$
陽極　$2H_2O \rightarrow O_2 + 4H^+ + 4e^-$

② 反応式より，陰極には銀が析出するので，増加する。陽極は酸素が発生するのみで電極の白金自体は変化しないので，質量の増減はない。

③ 16分5秒は秒に換算すると965秒である。陰極の反応式をみると，銀1 mol を得るには電子1 mol を要するから，析出する銀の物質量を n〔mol〕とすると，ファラデーの法則により，計算式は以下のようになる。

2.0〔A〕× 965〔s〕= n〔mol〕× 9.65×10^4〔C/mol〕

この式を解いて析出する銀の物質量 n〔mol〕を求めると，0.020〔mol〕となる。銀の原子量が108だから，モル質量は 108 g/mol である。

108〔g/mol〕× 0.020〔mol〕= 2.16〔g〕

よって，析出する銀の質量は，2.16 g である。

④ 陽極の反応式より，電子1 mol 当り発生する酸素は 1/4 mol だから

22.4〔L/mol〕× 0.020〔mol〕× 1/4 = 0.112〔L〕

つまり酸素は 112 mL 発生する。

(10.3) (2)

11章

(11.1)【エネルギー】何かの仕事をする，またはさせることができる能力で，ジュール〔J〕で測る。

【パワー】単位時間（1秒間）にする仕事で，ワット〔W〕で測る。

(11.2) p.156 から，2.1×10^{19} J/年で，これは

$(2.1 \times 10^{19}) / (1.3 \times 10^8 \times 365 \times 3.6 \times 10^6) = 123$ Mk。

(11.3) 1960年代後半にスウェーデンで酸性雨被害によって認識されたのが最初。現在は地球温暖化が最大の懸念事項とされている。

12章

(12.1)【化石燃料】特徴：これまでの実績，問題点：炭酸ガス排出・資源枯渇。

【再生可能エネルギー】特徴：密度が薄い，問題点：まだ高価・出力変動。

【原子力】特徴：出力パワーが大きくでき，ベースロードに適する，問題点：事故・核廃棄物処理。

(12.2) 太陽定数は地球大気圏外における正午に赤道面に達する太陽光の放射密度で，1 370 W/m²。これを日本での日夜や年間の平均にすると，利用できるのは150 W/m²。

(12.3) 原子炉で発生した熱を水に吸収させるとき，150 気圧ぐらいに加圧して 315℃ でも沸騰させないで行うのが PWR，沸騰させて蒸気を得て発電機のタービンを動かすのが BWR。前者では蒸気を得るのに蒸気発生器という熱交換器が必要だが，タービン部分には放射能を含んだ蒸気が来ない。他方後者では熱交換器がないだけ熱効率が高いが，タービン室は放射性管理区域になる。

13章

(13.1) 一つは一次エネルギーのうちで電力にして使う割合で，2007 年には 44 % であった。もう一つはエネルギー消費のうちで電力を通じてなされる割合で，2007 年には約 25 % であった。

(13.2) 各消費項目を挙げて検討すると（本文参照）せいぜい 30 % である。それを 50 % 程度にする可能性が検討されているが，見通しはまだ得られていない。

(13.3) 13.2 節末尾のこの項目に関する Coffee Break 参照。

索　引

【あ】

悪玉オゾン	160
アチソン炉	099
雨樋式	176
暗順応	011
暗所視	011
アンチストークス光	006
アンビエント照明	048

【い】

イオン化列	119
一次エネルギー	154
一次エネルギー供給量	154
一次電池	120
一酸化炭素	160
一酸化二窒素	160
色温度	021, 024
陰極	134

【う】

ウィーンの変位則	003
ウォーキングビーム	093
ウォーキングビーム型炉	105
渦電流	086
宇宙史	152
宇宙背景光放射	151
運輸部門	196, 198

【え】

エネルギー	065, 146
──の新しい利用方法	150
──の大規模獲得	150
エネルギー消費	152
エネルギー保存の法則	147
エネルギー密度	164, 166, 168
エルー炉	097
エレベータ型炉	104
塩基性れんが	109
演色性	021, 024
演色評価数	021
遠赤外放射	079

【お】

オームの法則	065
温室効果	161
温室効果ガス	161
温度放射	002
温熱治療法	095

【か】

加圧水型	187
回転レトルト型炉	107
解凍	090
海洋温度差発電	180
化学的エネルギー	147
核エネルギー	147
核拡散	191
核子	183
核ジャック	191
核テロ	192
核廃棄物	191
角膜	010
隔膜法	139
核融合	185, 204
可採年数	166
可視放射	008
化石燃料	164
化石燃料削減	194, 199
活物質	122

【き】

環境問題	145, 158
間接光	042
間接照度	042
間接照明	049
完全放射体	004
桿体細胞	010
気候変動に関する政府間パネル	162
基準振動	085
輝度	016
輝度対比	043
局部照明	049
距離の逆二乗則	055
近赤外放射	079

【く】

空乏層	173
クリプトル	092
グレア	043
グローバル	146, 158, 159

【け】

蛍光ランプ	029
経済協力開発機構	157
軽水炉	186
形態係数	072
頁岩	167
原子力	182
原子力基本法	189
原子炉の暴走	190
建築化照明	049
顕熱	064
減能グレア	043

【こ】

高圧水銀ランプ	033
高圧ナトリウムランプ	034
公害	145, 146, 158
光化学スモッグ	160
光源の効率	024
虹彩	010
高周波ウエルダ	095
光束	014
光束発散度	016
光束法	055
光度	015
黒鉛電極	100
国際単位系	147
国際熱核融合実験炉	185
黒体	004, 081
黒体放射	169, 171
国連人間環境会議	159
固定価格買取制度	181
コーニス照明	049
コーブ照明	049
固有抵抗	078

【さ】

再生可能エネルギー	168, 200
彩度	021
サイリスタインバータ	097
産業革命	145, 149, 164
産業部門	195, 197
三原色	018
酸性雨	159
酸性れんが	109

【し】

シアノバクテリア	152
シェール	167
シェールオイル	165, 167
シェール革命	167
シェールガス	165, 167
視角	043
色相	021
色素増感太陽電池	127
色度図	020
仕事	146
自己閉込め	029
仕事率	147
支持電解質	140
視神経	010
視神経乳頭	011
室指数	056
質量欠損	182
質量数	183
質量変化	182
シャトル炉	104
周辺視	012
シュテファン・ボルツマンの法則	002, 072
ジュール	148
ジュール熱	066, 078
省エネ	194, 195
蒸気機関型	186
照度	015
照明率	056
照明率表	057
視力低下グレア	043
シーリングライト	050
ジロー炉	097
人口推移	150
心理物理量	014
人類史	152

【す】

水晶体	010
錐体細胞	010
水力	178
スタンド	050
ストークスの法則	005
スポットライト	050
スマートグリッド	178

【せ】

正極	119
正孔	173
生命史	152
赤外放射	072
石炭	164
石油	164
石油換算トン	156
選択放射体	004
善玉オゾン	160
潜熱	064
全般拡散照明	049
全般照明	049
全放射率	004
相対論	171
相変化	089
測光量	013

【そ】

ソーラーチムニー	176

【た】

大気汚染	160
台車型トンネル炉	107
台車炉	104
太陽光の強さ	169
太陽光発電	172
太陽定数	169
太陽電池	126, 173
太陽熱煙突	176
太陽熱利用	175
対流	066
ダウンライト	050
タスク・アンビエント照明	048
タスク照明	048
タワー式	176
炭素捕獲貯留	202
蛋白変性	090

【ち】

地球工学	202
地熱	178
中心窩	011
中心視	012
中性れんが	109
潮汐力	180
直接光	042

索引

【て】

直接照度	042
直接照明	049
抵抗率	078
ディッシュ式	176
デモ	185
電解質	119
電解重合	140
電解精錬	137
電解めっき	136
電気エネルギー	147
電気化学重合	140
電気化学反応	133
電気双極子	084
電気抵抗	065
電気的等価回路	121
電気伝導率	078
電気分解	133
電磁波	072
電磁誘導	086
電池	119
天然ガス	164
澱粉の糊化	090
電離	087
電力化率	195
電力原単位	111
電力貯蔵	179

【と】

凍結乾燥装置	101
瞳孔	010
導電性ポリマー	140
導電率	078
導波管	095
特殊演色評価数	022
トラフ式	176

【な】

内燃機関型	186
内部抵抗	121
鉛蓄電池	122

【に】

二酸化硫黄	160
二酸化炭素隔離	202
二酸化窒素	160
二次エネルギー	154
二次電池	122
ニュートン	147
人間史	152

【ね】

熱エネルギー	147
熱拡散率	069
熱硬化性	090
熱効率	111
熱抵抗	068
熱抵抗率	067
熱伝達係数	071
熱伝導	066
熱伝導度	067
熱伝導率	067
熱放射	083
熱容量	064
熱流束	066
燃料電池	125, 179

【は】

バイオマス燃料	178
廃棄物燃焼	180
配光	045
配光角	047
配光曲線	045
ハイパーサーミア	095
廃炉	192
白熱電球	025
薄明視	011
波力	180
ハロゲンサイクル	027, 036
ハロゲン電球	027
パワー	065, 147
半間接照明	049
半減期	184
反射炉	104
半直接照明	049
バンドギャップ	172

【ひ】

光天井	049
光のエネルギー	002
比視感度	012
ヒステリシス損	086
ビッグバン	151
ピット型炉	103
比抵抗	078
一人当り1日当りの キロワット時	145
比熱	064
比誘電率	085
標準比視感度	013
標準分光視感効率	013

【ふ】

ファラデー定数	138
ファラデーの電気分解の法則	138
風力	177
不快グレア	043
負極	119
福島原発事故	182
プッシャー	093
プッシャー型トンネル炉	106
沸騰水型	187
浮遊粒子状物質	160
ブラケット	050
プラズマ	087
プラズマ溶射	087
プランク定数	002, 171
プランクの放射則	003
プランクの法則	081
プリンタブルエレクトロニクス	130
プルキンエ現象	013
フロアスタンド	050
雰囲気炉	102
分光視感効率	012
分光放射発散度	003

分裂型	183	

【へ】

平均演色評価数	022	
ベル型炉	103	
ベルトコンベア	093	
ベルトコンベア型炉	105	
ペロブスカイト型有機薄膜電池	128	
ペンダントライト	050	

【ほ】

崩壊熱	190	
放射	066	
放射特性	082	
放射年代測定法	151	
放射発散度	003	
放射率	072, 082	
ポジティブ・フィードバック	162	
保守率	024, 056	
ホモサピエンス	145, 152	
ホール	173	

【ま】

マグネトロン	094	
マッケイの単位	154, 168, 194	
マンセル	021	

【み】

溝型誘導炉	096	

【む】

民生部門	196, 197	
無機 EL	041	
無彩色	021	

【め】

明視 4 要素	043	
明順応	011	
明所視	011	
明度	021	
メガソーラ	175	
メタルハライドランプ	035	

【も】

盲点	011	
網膜	010	
毛様体筋	010	
モデリング	044	

【ゆ】

有機 EL	039	
有機薄膜太陽電池	127	
融合型	184	
有彩色	021	
誘電正接	085	

【よ】

陽極	134	
溶融塩電解	098	

【ら】

ライニング	108	

【り】

力学的エネルギー	146	
リチウムイオン電池	123	
立体角	015	
立体角投射率	051	
量子	171	
量子仮説	171	
量子力学	171	

【る】

るつぼ型溶融炉	096	
ルーバ天井	049	
ルミネセンス	005	

【れ】

連鎖反応	184	

【ろ】

ローカル	146, 158	
ローラハース	093	
ローラハース型炉	105	
ワット	148	

【B】

boiling water reactor	187
BWR	187

【C】

carbon capture and storage	202
CCS	202
CO	160
CO_X	160

【D】

DEMO	185

【F】

FIT	181

【G】

geo-engineering	202
global	146

【H】

HID ランプ	032

【I】

IH 機器	086
IPCC	162
ITER	185

索引

【J】
James Prescott Joule 148
James Watt 148
Joule 熱 066

【L】
LED 037
local 146

【M】
Mk 145, 154

【N】
N_2O 160
NO_2 160
NO_X 160
n 型 173

【O】
OECD 157

【P】
pH 159
Planck の法則 081
p-n 接合面 126
pressurized water reactor 187
PWR 187
p 型 174

【R】
RGB 表色系 019

【S】
SI 147
Sir Isaac Newton 147
SO_2 160
SO_X 160
SPM 160
Stefan-Boltzmann の法則 072

【U】
UGR 044

【X】
XYZ 表色系 019

―――編著者・著者略歴―――

植月　唯夫（うえつき　ただお）
1979 年　静岡大学工学部電気工学科卒業
1982 年　静岡大学大学院工学研究科
　　　　修士課程修了（電気工学専攻）
1982 年　松下電工株式会社勤務
2001 年　博士（工学）（九州大学）
2002 年　津山工業高等専門学校教授
　　　　現在に至る

望月　悦子（もちづき　えつこ）
1997 年　早稲田大学理工学部建築学科卒業
1999 年　早稲田大学大学院理工学研究科
　　　　修士課程修了（建設工学専攻）
2004 年　東海大学大学院工学研究科
　　　　博士後期課程修了（建築学専攻）
　　　　博士（工学）（東海大学）
2007 年　千葉工業大学助教
2010 年　千葉工業大学准教授
2013 年　千葉工業大学教授
　　　　現在に至る

木村　嘉孝（きむら　よしたか）
1962 年　早稲田大学第一理工学部
　　　　応用物理学科卒業
1962 年　昭和電工株式会社中央研究所勤務
1971 年　昭和電工株式会社
　　　　熔業（塩尻）研究所
1981 年　本社セラミックス事業部開発部
1994 年　東海高熱工業株式会社出向後移籍
2001 年　退職

廣木　一亮（ひろき　かずあき）
2000 年　筑波大学第三学群基礎工学類卒業
2006 年　筑波大学大学院一貫制博士課程
　　　　数理物質科学研究科修了
　　　　博士（工学）（筑波大学）
2006 年　独立行政法人産業技術総合研究所
　　　　環境化学技術研究部門特別研究員
2008 年　独立行政法人　科学技術振興機構
　　　　日本科学未来館
　　　　科学コミュニケーター
2008 年　独立行政法人　理化学研究所
　　　　基幹研究所客員研究員（兼任）
2011 年　津山工業高等専門学校講師
2013 年　津山工業高等専門学校准教授
　　　　現在に至る

村岡　克紀（むらおか　かつのり）
1963 年　九州大学工学部機械工学科卒業
1968 年　九州大学大学院工学研究科
　　　　博士課程（機械工学専攻）
　　　　単位修得退学
1968 年　九州大学助手
1969 年　九州大学講師
1970 年　工学博士（九州大学）
1970 年　九州大学助教授
1980 年　九州大学教授
2004 年　九州大学名誉教授
2004 年　中部大学教授
2011 年　株式会社西部技研技術顧問
2013 年　株式会社プラズワイヤー技術顧問
　　　　現在に至る

電気応用とエネルギー環境
The Application of Electricity and Energy Environment for Sustainable Society
Ⓒ Uetsuki, Mochizuki, Kimura, Hiroki, Muraoka 2016

2016年9月26日　初版第1刷発行　　　　　　★

検印省略	編著者	植　月　唯　夫
	著　者	望　月　悦　子
		木　村　嘉　孝
		廣　木　一　亮
		村　岡　克　紀
	発行者	株式会社　コロナ社
	代表者	牛来真也
	印刷所	新日本印刷株式会社

112-0011　東京都文京区千石4-46-10
発行所　株式会社　**コロナ社**
CORONA PUBLISHING CO., LTD.
Tokyo Japan
振替 00140-8-14844・電話(03)3941-3131(代)
ホームページ http://www.coronasha.co.jp

ISBN 978-4-339-00890-6　（森岡）　（製本：愛千製本所）
Printed in Japan

本書のコピー，スキャン，デジタル化等の無断複製・転載は著作権法上での例外を除き禁じられております。購入者以外の第三者による本書の電子データ化及び電子書籍化は，いかなる場合も認めておりません。

落丁・乱丁本はお取替えいたします

電気・電子系教科書シリーズ

(各巻A5判)

■編集委員長　高橋　寛
■幹　　　事　湯田幸八
■編集委員　　江間　敏・竹下鉄夫・多田泰芳
　　　　　　　中澤達夫・西山明彦

配本順			著者	頁	本体
1.	(16回)	電気基礎	柴田尚志・皆田新一・多田泰芳 共著	252	3000円
2.	(14回)	電磁気学	柴田尚志・多田泰芳 共著	304	3600円
3.	(21回)	電気回路Ⅰ	柴田尚志 著	248	3000円
4.	(3回)	電気回路Ⅱ	遠藤　勲・鈴木靖純・吉澤昌雄・木村恵巳・藤田拓之郎 共編著	208	2600円
5.	(27回)	電気・電子計測工学	降矢典明・福田和明・吉崎和二郎 共著	222	2800円
6.	(8回)	制御工学	西山明彦・奥平鎮正 共著	216	2600円
7.	(18回)	ディジタル制御	青木立・木村俊俊・西堀俊幸 共著	202	2500円
8.	(25回)	ロボット工学	白水俊次 著	240	3000円
9.	(1回)	電子工学基礎	中澤達夫・藤原勝幸 共著	174	2200円
10.	(6回)	半導体工学	渡辺英夫 著	160	2000円
11.	(15回)	電気・電子材料	中澤・澤田・森山・押田・須田・服部 共著	208	2500円
12.	(13回)	電子回路	土田健二 共著	238	2800円
13.	(2回)	ディジタル回路	伊原充博・若海弘夫・吉澤昌純・室賀　進 共著	240	2800円
14.	(11回)	情報リテラシー入門	山下　巌 他 共著	176	2200円
15.	(19回)	C++プログラミング入門	湯田幸八 著	256	2800円
16.	(22回)	マイクロコンピュータ制御プログラミング入門	柚賀正光・千代谷慶 共著	244	3000円
17.	(17回)	計算機システム(改訂版)	春日・舘泉・日田・伊原健治 共著	240	2800円
18.	(10回)	アルゴリズムとデータ構造	湯田幸八・伊原充博 共著	252	3000円
19.	(7回)	電気機器工学	前田勉・新谷邦弘 共著	222	2700円
20.	(9回)	パワーエレクトロニクス	江間　敏・甲斐敏勲 共著	202	2500円
21.	(12回)	電力工学	江間・甲斐・三木隆彦 共著	260	2900円
22.	(5回)	情報理論	吉川英機 著	216	2600円
23.	(26回)	通信工学	竹下鉄夫・吉松豊英 共著	198	2500円
24.	(24回)	電波工学	松田豊稔・宮田克正・南部幸久 共著	238	2500円
25.	(23回)	情報通信システム(改訂版)	岡田裕・桑原唯史 共著	206	2500円
26.	(20回)	高電圧工学	植月唯夫・松原孝史・箕松夫史 共著	216	2800円

定価は本体価格+税です。
定価は変更されることがありますのでご了承下さい。

図書目録進呈◆